高职高专"十二五"建筑及工程管理类专业系列规划教材

建筑识图与构造

Construction Project

主　编　胡玉梅　郝彩哲

副主编　曹　杰　武庆良

西安交通大学出版社
XI'AN JIAOTONG UNIVERSITY PRESS

内 容 提 要

本书分两个学习情境，共十二个学习任务。学习情境一为建筑识图，共五个学习任务，主要以现行的建筑制图国家标准为基础，结合建筑施工图，系统地介绍了建筑工程图的成图原理和识图方法。其内容包括建筑制图的基本知识、投影的基本知识、体的投影、剖面图和断面图、建筑施工图等。学习情境二为建筑构造，包括绪论和七个学习任务，主要以现行的相关规范为基础，结合工程实例，系统介绍了民用建筑构造。其主要内容包括绪论、基础、墙体、楼板与地面、楼梯、屋顶、门与窗、变形缝等。

本书可作为高职高专院校土建类专业及其他成人高校相关专业的教材，还可作为建筑施工企业技术和管理人员及相关工程技术人员的参考用书。

前言

本教材以"识读建筑施工图能力培养"为主线,整合、序化教学内容,教材以真实的工程项目为载体,进行施工图识读,以"情境教学区"为依托,采用任务引领的体验式教学模式,使教学活动与实际工作真正实现"无缝对接"。

本书在内容编排上,遵循专业认知、职业认同的规律,以建筑工程为对象,以建筑识图和建筑构造为主要内容,与新技术、新规范同步,突出建筑工程识图能力培养和相关职业素养的提高;以真实的建筑工程施工图作为专业识图案例,教学做一体化,强调识图能力训练与培养。书中编排的实际构造图片,均来源于实际建筑物,直观明了,便于教师教学和学生理解。

本书分为两个学习情境,共十二个学习任务。学习情境一为建筑识图,共五个学习任务,主要以现行的建筑制图国家标准为基础,结合建筑施工图,系统地介绍了建筑工程图的成图原理、识图方法。其内容包括建筑制图的基本知识、体的投影、剖面图和断面图、建筑施工图等。学习情境二为建设构造,共七个学习任务,主要以现行的相关规范为基础,结合工程实例,系统介绍了民用建筑构造。其主要内容包括基础、墙体、楼板与地面、楼梯、屋顶、门窗、变形缝构造等。

本书的编写老师具有丰富建筑企业工作经验和本课程多年教学体会,教材组吸收了行业专家参与编写,能够保证教材符合职业教育规律和高端技能型人才成长规律,并与国家现行规范标准衔接。本书由承德石油高等专科学校胡玉梅老师、郝彩哲老师担任主编,承德石油高等专科学校曹杰、武庆良老师担任副主编。具体的分工如下:胡玉梅老师编写绪论、学习情境一、学习情境二的任务1;郝彩哲老师编写学习情境二的任务2~任务7;曹杰老师负责学习情境一案例图纸的绘制;武庆良老师负责学习情境二部分构造图的绘制。

本书编写过程中参考了大量文献资料,在此向作者表示衷心的感谢! 由于作者水平所限,书中难免存在不妥之处,恳请读者在使用过程中给予批评指正。

编 者

2014 年 3 月

目录

— 1 —

学习情境一

建筑识图

任务 1 　建筑制图基本知识

学习目标

了解建筑制图中有关手工制图工具,掌握建筑制图的基本标准,掌握《GB/T 20001—2001》中图纸幅面、规格、图标、图线、字体、比例、尺寸标注的有关规定。

引例

我们身边的每个建筑物都是根据施工图纸建造完成的,设计院绘制图纸使用的是绘图软件,如 AutoCAD 等。在本课程学习过程中进行的绘图训练是手工使用的绘图工具来完成,所以下面介绍这些手工绘图工具的名称和使用方法。

1.1 建筑制图工具

一、绘图板

绘图板通常用胶合板制成,四周镶以硬木边条,如图 1-1-1 所示。

二、丁字尺

丁字尺是用来与绘图板配合画横线的长尺,也是画水平线不可缺少的工具。如图 1-1-2 所示。

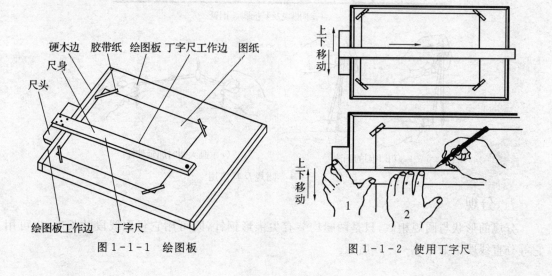

图 1-1-1　绘图板 　　　　　　　　　　　图 1-1-2　使用丁字尺

三、三角板

一副三角板是两块,是分别具有 45°、30°、60°的直角三角形透明板。三角板与丁字尺配合可以画出 15°、30°、45°、60°、75°的斜线以及相互垂直和平行的线,如图 1-1-3 所示。

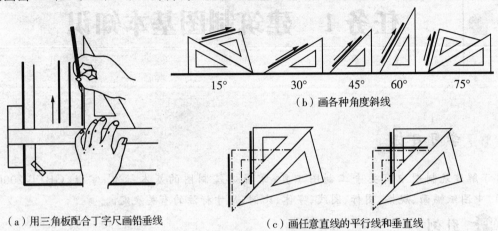

（b）画各种角度斜线

（a）用三角板配合丁字尺画铅垂线　　　　（c）画任意直线的平行线和垂直线

图 1-1-3　使用三角板

四、圆规

圆规是用来画圆及圆弧的工具。如图 1-1-4 所示。

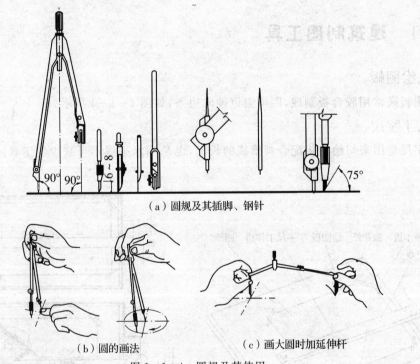

（a）圆规及其插脚、钢针

（b）圆的画法　　　　（c）画大圆时加延伸杆

图 1-1-4　圆规及其使用

五、分规

分规的形状与圆规相似,只是两腿均装有尖锥形钢针,既可用它量取线段的长度,也可用它等分直线段。如图 1-1-5 所示。

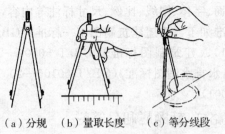

（a）分规　（b）量取长度　（c）等分线段

图 1-1-5　分规及其使用

六、比例尺

比例尺是用于放大（读图时）或缩小（绘图时）实际尺寸的一种尺子。如图 1-1-6 所示。

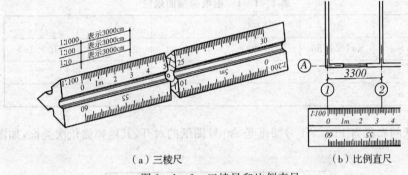

（a）三棱尺　　　　　　　　（b）比例直尺

图 1-1-6　三棱尺和比例直尺

七、建筑模板

建筑模板主要用来画各种建筑标准图例和常用符号，如柱、墙、门开启线，大便器，污水盆，详图索引符号，标高符号，等等。如图 1-1-7 所示。

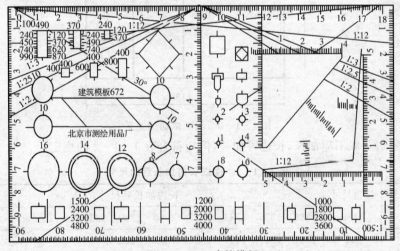

图 1-1-7　建筑模板

1.2　建筑制图的基本标准

建筑工程图是表达工程设计的重要技术资料，是建筑施工的依据，被誉为工程界的"语言"。为统一工程图样的画法，便于交流技术和提高制图效率，满足设计、施工、管理等要求，对于工程图中常用的图纸幅面、字体、图线、比例、尺寸标注等内容,国家标准有统一的规定。

建筑工程图执行的标准如下:《房屋建筑制图统一标准》(GB/T 50001—2001)、《总图制图标准》(GB/T 50103—2001)、《建筑制图标准》(GB/T 50104—2001)、《建筑结构制图标准》(GB/T 50105—2001)、《给水排水制图标准》(GB/T 50106—2001)和《采暖通风与空气调节制图标准》(GB/T 50114—2001)。

一、图纸幅面、图框格式、标题栏和会签栏

1.图纸幅面

图纸幅面是指图纸本身的大小规格,用图纸的短边×长边(B×L)表示。图纸的幅面应符合表1-1-1的规定。

表1-1-1　图纸的幅面规定

	A0	A1	A2	A3	A4
$b×l$	841×1189	594×841	420×594	297×420	210×297
c		10		5	
a			25		

A0 号图纸的面积为 $1m^2$,A1 号图纸是 A0 号图纸的对开,其他幅面依次类推,如图 1-1-8 所示。

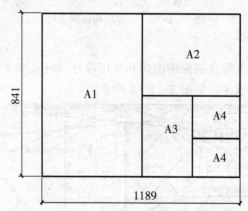

图1-1-8　图纸幅面的关系

图纸的短边一般不应加长,长边可加长,但应符合表1-1-2的规定。

表1-1-2　图纸长边加长后的尺寸

图幅代号	长边尺寸	长边加长后尺寸								
A0	1189	1486	1635	1783	1932	2080	2230	2378		
A1	841	1051	1261	1471	1682	1892	2102			
A2	594	743	891	1041	1189	1338	1486	1635	1783	1932	2080
A3	420	630	841	1051	1261	1471	1682	1892		

2.图框格式

图框是指在图纸上限定绘图区域的线框。规定每张图纸上都要画出图框,图框线用粗实

线绘制。图框尺寸应符合规定。

图纸以长边作为水平边使用的图幅称为横式图幅,以短边作为水平边使用的图幅称为立式图幅。如图 1-1-9 所示。一般 A0~A3 图纸宜横式使用,必要时,也可立式使用;但 A4 幅面只能立式使用。

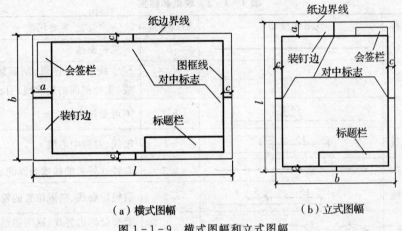

(a)横式图幅　　　　　　　(b)立式图幅

图 1-1-9　横式图幅和立式图幅

3.标题栏和会签栏

图样中的标题栏(简称图标),应放在图纸右下角,用来填写设计单位、工程名称、图名、图号以及设计人、制图人、审批人的签名和日期等。标题栏的外框线为粗实线,标题栏的分格线为细实线,如图 1-1-10 所示。

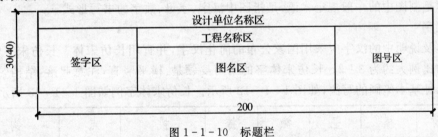

图 1-1-10　标题栏

会签栏是指工程建设图纸上由会签人员填写所代表的有关专业、姓名、日期等的一个表格。需要会签的图纸,在图纸的左侧上方或图框线上方有会签栏,会签栏的尺寸、格式和内容都有规定,如图 1-1-11 所示。

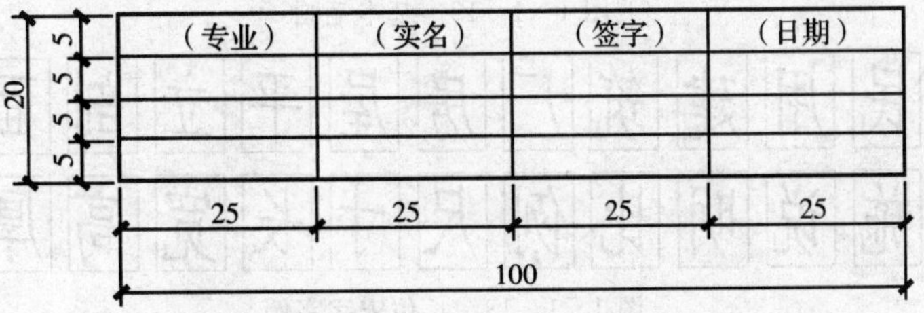

图 1-1-11　会签栏

二、图线

1.线型和线宽

图线是画在图纸上的线条的统称。粗、中、细线形成一组,叫做线宽组(见表1-1-3)。

表1-1-3　线型和线宽

图线名称	图线线型	图线宽度	主要用途
粗实线		b	可见轮廓线
细实线		$b/2$	尺寸线、尺寸界限、剖面线、辅助线、重合剖面的轮廓线、引出线等
虚线	4 1	$b/2$	不可见轮廓线
细点画线	15 3	$b/2$	轴线、对称中心线
粗点画线		$b/2$	有特殊要求的线或表面的表示线
双点画线	15 5	$b/2$	假想轮廓线、极限位置的轮廓线
波浪线		$b/2$	断裂处的边界线、视图和剖视的分界线
双折线		$b/2$	断裂处的边界线

三、字体

字体是制图中的一般规定术语,是指图中汉字、字母、数字的书写形式。

1.汉字

图样及说明中的汉字应采用国家公布的简化汉字,并宜用长仿宋体。长仿宋字体的字高与字宽的比例大约为3:2。长仿宋体字的书写要领是:横平竖直,注意起落,结构匀称,填满方格。几种基本笔画的写法,如图1-1-12所示。长仿宋体字例如图1-1-13所示。

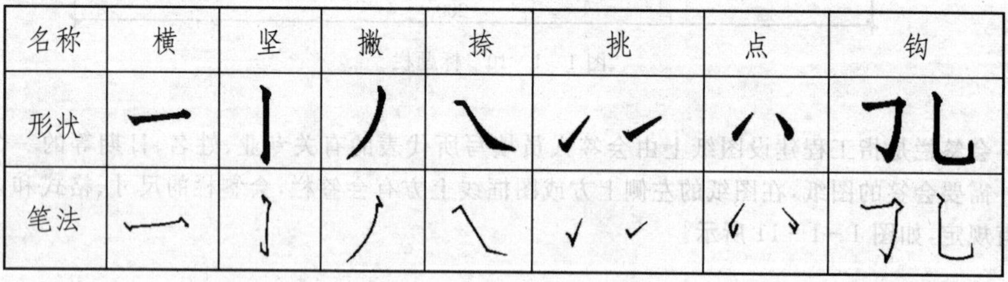

名称	横	坚	撇	捺	挑	点	钩
形状	一	丨	丿	㇏	✓ ✓	丷	亅乚
笔法	一	丨	丿	㇏	✓ ✓	丷	亅乚

图1-1-12　基本笔画

工业民用建筑厂房屋平立剖面详图
结构施说明比例尺寸长宽高厚砖瓦

图1-1-13　长仿宋字字例

2.数字和字母

数字和字母有直体和斜体两种写法,但同一张图纸上必须统一。如图1-1-14所示。

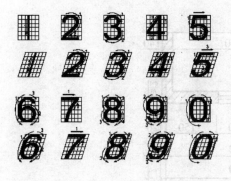
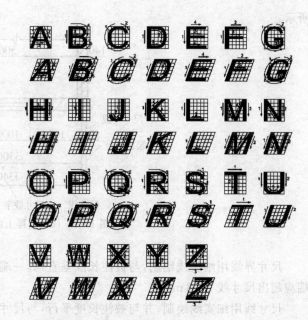

图 1-1-14 数字和字母

四、比例

图样的比例是指图形与实物相对应的线性尺寸之比。比例的大与小,是指比值的大与小。比值大于 1 的比例,称为放大的比例;比值小于 1 的比例,称为缩小的比例。建筑工程图上常采用缩小的比例,如表 1-1-4 所示。

表 1-1-4　常用比例和可用比例

常用比例	1:1、1:2、1:5、1:10、1:20、1:50、1:100、1:150、1:200、1:500、1:1000、1:2000、1:5000、1:10000、1:20000、1:50000、1:100000、1:200000
可用比例	1:3、1:4、1:6、1:15、1:25、1:30、1:40、1:60、1:80、1:250、1:300、1:400、1:600

比例宜注写在图名的右侧,字的基准线应取平;比例的字高宜比图名的字高小一号或二号。一般情况下,一个图样应选用一种比例。根据专业制图需要,同一图样可选用两种比例。特殊情况下也可自选比例,这时除应注出绘图比例外,还必须在适当位置绘制出相应的比例尺。如图 1-1-15 所示。

平面图　1:100

图 1-1-15　绘图比例

五、尺寸标注

建筑工程图除了画出建筑物及其各部分的形状外,还必须准确、详尽和清晰地标注尺寸,以确定其大小,作为施工时的依据。

1.尺寸的组成及一般标注方法

图样上的尺寸由尺寸界线、尺寸线、起止符号和尺寸数字四部分组成,如图 1-1-16

所示。

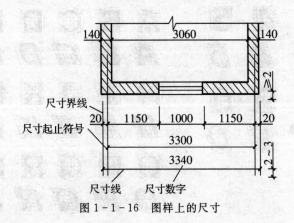

图 1-1-16　图样上的尺寸

尺寸界线用细实线绘制,与被注长度垂直,其一端应离开图样的轮廓线不小于 2 mm,另一端应超出尺寸线 2～3 mm。

尺寸线用细实线绘制,并与被注长度平行,与尺寸界线垂直相交,但不宜超出尺寸界线。

尺寸起止符号用中粗短斜线绘制,并画在尺寸线与尺寸界线的相交处。

尺寸数字用阿拉伯数字标注图样的实际尺寸。尺寸数字一般注写在尺寸线的中部。水平方向的尺寸,其尺寸数字要写在尺寸线的上面,字头朝上;竖直方向的尺寸,其尺寸数字要写在尺寸线的左侧,字头朝左。尺寸数字如果没有足够的注写位置时,两边的尺寸可以注写在尺寸界线的外侧,中间相邻的尺寸可以错开注写,如图 1-1-17 所示。

图 1-1-17　尺寸的数字标准

其他几种常见的标注方式如下:

(1)半径、直径、球的尺寸标注。圆或者大于半圆的弧,一般标注直径;尺寸线通过圆心,两端指向圆弧,用箭头作为尺寸的起止符号,并在直径数字前加注直径代号“φ”,如图 1-1-18 (a)所示。较小圆的尺寸可标注在圆外,如图 1-1-18(b)所示。

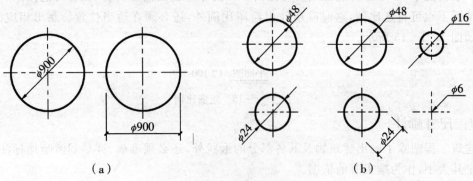

（a）　　　　　　　　　　　　　　　　（b）

图 1-1-18　直径的尺寸标准

(2)坡度的尺寸标注。标注坡度时,应加注坡度符号,该符号为单面箭头,箭头应指向下坡方向。坡度也可用直角三角形形式标注,如图1-1-19所示。

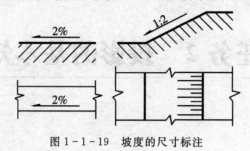

图1-1-19 坡度的尺寸标注

📖 本章小结

本章主要介绍了常用的手工制图仪器与工具、建筑制图的基本标准。其中,建筑制图的基本标准是本章学习的重点。

通过本章的学习,应掌握房屋建筑制图统一标准(GB/T 50001—2001)中图纸幅面、规格、图标、图线、字体、比例、尺寸标注的有关规定。

❓ 复习思考题

1. 常用的绘图工具有哪些?

2. A0、A1、A2、A3图纸幅面尺寸是多少?

3. 尺寸标注由哪几部分组成?

4. 绘制图纸标题栏和会签栏。

5. 绘制几种不同的图线线型。

🦋 课外阅读材料

《房屋建筑制图统一标准(GB/T 50001—2001)》

任务 2　投影的基本知识

学习目标

通过学习投影的基本知识，了解投影的概念和分类，掌握正投影的基本性质，三面投影的投影关系，基本元素点、直线、平面的投影规律。

引例

在售楼处我们会看到楼房的效果图、户型图，那么这些图是应用什么原理绘制的呢？

2.1　投影概述

一、投影的概念

在日常生活中人们会看到物体在阳光或灯光照射下，地面或墙面上就会出现影子。它只能反映物体外形的轮廓，不能反映物体上的一些变化或内部情况，这样不能符合清晰表达工程物体形状大小的要求，如图 1-2-1(a) 所示。

假定光线可以穿透物体(物体的面是透明的，而物体的轮廓线是不透的)，并规定在影子当中，光线直接照射到的轮廓线画成实线，光线间接照射到的轮廓线画成虚线，则经过抽象后的"影子"称为投影。如图 1-2-1(b) 所示。

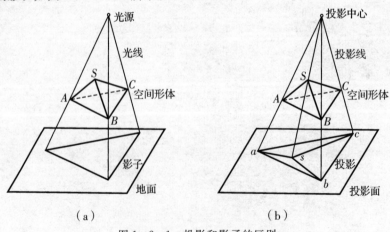

图 1-2-1　投影和影子的区别

我们把能够产生光线的光源称为投影中心,光线称为投射线,落影平面称为投影面,用投影表达物体形状和大小的方法称为投影法,用投影法画出的物体的图形称为投影图。

二、投影法的分类

投影法分为中心投影法和平行投影法两类。

(1)中心投影法。投射线汇交于一点的投影法称为中心投影法,如图 1-2-1(b)所示。

(2)平行投影法。投射线相互平行的投影法称为平行投影法,如图 1-2-2 所示。

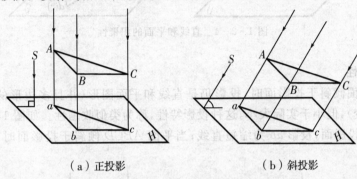

(a)正投影   (b)斜投影

图 1-2-2 平行投影法

在平行投影法中,根据投射线与投影面的角度不同,又分为以下两种:

①正投影法。投射线与投影面垂直的平行投影法称为正投影法。根据正投影法所得到的图形称为正投影(正投影图),如图 1-2-2(a)所示。

②斜投影法。投射线与投影面倾斜的平行投影法称为斜投影法。根据斜投影法所得到的图形称为斜投影(斜投影图),如图 1-2-2(b)所示。

三、正投影的基本性质

1.实形性

直线、平面与投影面平行,投影反映实长、实形,这种投影特性称为实形性。如图 1-2-3 所示,当直线 AB 平行于投影面时,其投影 ab 仍是直线,并且等于线段 AB 的实长;当四边形平面 $ABCD$ 平行于投影面时,其投影 $abcd$ 反映四边形的真实形状。

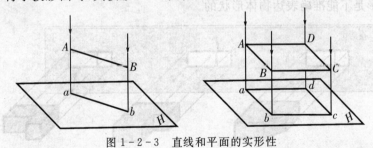

图 1-2-3 直线和平面的实形性

2.积聚性

当直线和平面垂直于投影面时,投影分别积聚成点和直线,这种投影特性称为积聚性。如图 1-2-4 所示,当直线 AB 垂直于投影面时,直线上所有点的投影重合(即积聚)成一点 $a(b)$(位于同一投射线上的两点,通常将被遮挡点的投影加括号);当四边形平面 $ABCD$ 垂直于投影面时,其投影 $abcd$ 积聚成一直线。

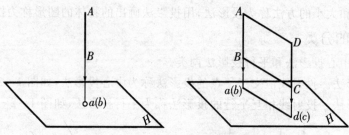

图 1-2-4 直线和平面的积聚性

3.类似收缩性

当直线和平面倾斜于投影面时,投影仍是直线和平面图形(并且多边形的边数、凹凸、直曲、平行关系不变),但小于实际大小,这种投影特性,称为类似收缩性。如图 1-2-5 所示,当直线 AB 倾斜于投影面,投影 ab 为缩短直线;当平面 $ABCD$ 倾斜于投影面时,投影为小于实形的四边形。

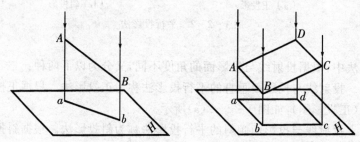

图 1-2-5 直线和平面的类似收缩性

2.2 三面正投影图

图 1-2-6 表示三个形状不同的物体单面投影,但在同一投影面的投影却是相同的,这说明仅有一个投影是不能准确表达物体形状的。

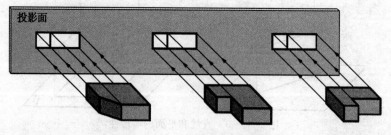

图 1-2-6 物体的单面投影

一、三面投影体系的建立

设立三个相互垂直的投影面 H、V、W,组成一个三面投影体系,如图 1-2-7 所示。H 面称为水平投影面,V 面称为正立投影面,W 面称为侧立投影面。任意两个投影面的交线称为投影轴,分别用 x 轴、y 轴、z 轴表示。三个投影轴的交点 O 称为原点。

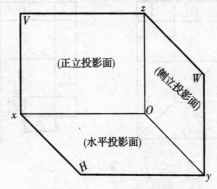

图 1-2-7 三面投影体系

二、三面正投影图的形成

如图 1-2-8(a)所示,在投影体系中,利用正投影原理将物体分别向这三个投影面上进行投影,就会在 H、V、W 面上得到物体的三面投影,分别称为水平投影、正面投影和侧面投影。为了将空间三个投影面上所得到的投影画在一个平面上,需将三个互相垂直的投影平面展开摊平为一个平面,即 V 面不动,H 面以 Ox 为轴向下旋转 $90°$,W 面以 Oz 轴向右旋转 $90°$,使它们与 V 面在同一个平面上,如图 1-2-8(b)所示。这样,就得到了位于同一个平面上的三个正投影图,也就是物体的三面投影图,如图 1-2-8(c)所示,这时 y 轴分为两条,在 H 面上的记作 y_H,在 W 面上的记作 y_W。

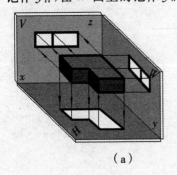
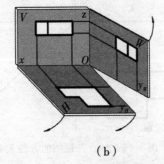
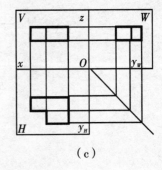

| (a) | (b) | (c) |

图 1-2-8 三面正投影图

从物体的前方向后方投射,在 V 面上得到的视图称为主视图;从物体的上方向下方投射,在 H 面上得到的视图称为俯视图;从物体的左方向右方投射,在 W 面上得到的视图称为左视图。

三、三视图的分析

1. 三视图间的投影规律

三视图表达的是同一物体,而且是物体在同一位置分别向三投影面所作的投影,所以三视图间必然具有以下所述的投影规律。

主视图和俯视图中长度相等,且相互对正;主视图和左视图中高度相等,且相互平齐;俯视图和左视图中宽度相等。如图 1-2-9 所示。

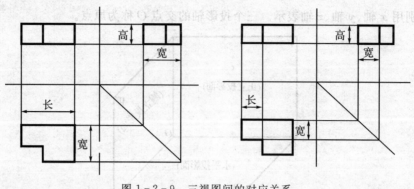

图 1 - 2 - 9　三视图间的对应关系

三视图间的投影规律,通常概括为:"长对正、高平齐、宽相等"九个字。这个规律是画图和读图的根本规律,无论是整个物体还是物体的局部,其三视图之间都必须符合这个规律。

2.三视图与空间物体间的关系

如图 1 - 2 - 10 所示,主视图反映物体长和高方向的尺寸和上下、左右的方位。俯视图反映物体长和宽方向的尺寸和左右、前后的方位。左视图反映物体高和宽方向的尺寸和上下、前后的方位。

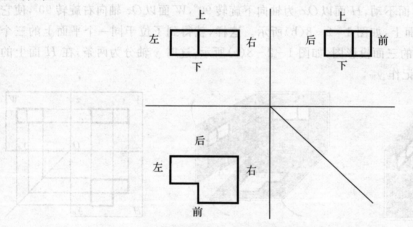

图 1 - 2 - 10　三视图的方位关系

应当注意:俯视图和左视图中远离主视图的一边是物体的前面,靠近主视图的一边是物体的后面。

2.3　基本元素的投影

任何复杂的形体都可以看成是由点、线和面所组成的。因此,研究点、线和面的投影特性对正确绘制和阅读物体的投影图十分重要。

一、点的三面投影

空间点 A 位于 V 面、H 面和 W 面构成的三投影面体系中。由点 A 分别向 V、H、W 面作正投影,依次得点 A 的正面投影 a'、水平投影 a、侧面投影 a'',如图 1 - 2 - 11(a)所示。

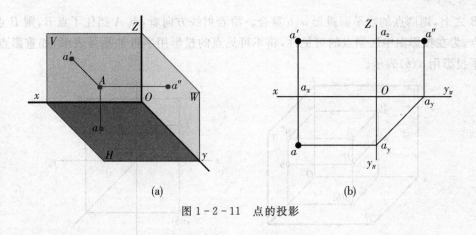

图 1 - 2 - 11 点的投影

1. 点的三面投影规律

(1)点的投影仍是点。

(2)点的任意两面投影的连线垂直于相应的投影轴。即 $aa' \perp Ox$，$a'a'' \perp Oz$，$aa_y \perp Oy_H$，$a''a_y \perp Oy_W$。

(3)点的投影到投影轴的距离，反映点到相应投影面的距离。

点 A 到 H 面的距离：$Aa = a'a_x = a''a_y$。

点 A 到 V 面的距离：$Aa' = aa_x = a''a_z$。

点 A 到 W 面的距离：$Aa'' = aa_y = a'a_z$。

［例 1 - 2 - 1］ 已知点的两个投影，如图 1 - 2 - 12(a)所示，求第三个投影。

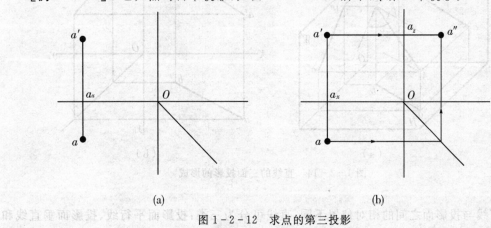

(a)　　　　　　　　　　　　　(b)

图 1 - 2 - 12 求点的第三投影

作图：

(1)由点 a' 作垂直于 Oz 轴的直线；

(2)由点 a 作 Oy_H 的垂线，交 45°线于一点，过此点作 Oy_W 轴的垂线；

(3)由(1)、(2)作的线交于一点，此点即为 a''。如图 1 - 2 - 12(b)所示。

2. 重影点即可见性

当空间两点位于某一投影面的同一投影线上时，则此两点的投影重合，这个重合的投影称为重影，空间的两点称为重影点。如图 1 - 2 - 13 所示，A、B 两点在 H 面的同一投影线上，且

A 在 B 之上,则两点的水平面投影 a、b 重合。沿着射线方向看,点 A 挡住了点 B,则 B 点为不可见点,为在投影图中区别点的可见性,将不可见点的投影用字母加括号表示,如重影点 A、B 的水平投影用 $a(b)$ 表示。

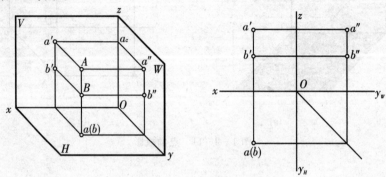

图 1-2-13 重影点的三面投影

二、直线的投影

两点决定一直线,所以要确定直线 AB 的空间位置,只要确定出 A、B 两点的空间位置,连接起来即可确定该直线的空间位置,如图 1-2-14(a)所示。因此,在作直线 AB 的投影时,只要分别作出 A、B 两点的三面投影 a、a'、a'' 和 b、b'、b'',再分别把两点在同一投影面上的投影连接起来,即得直线 AB 的三面投影 ab、$a'b'$、$a''b''$,如图 1-2-14(b)所示。

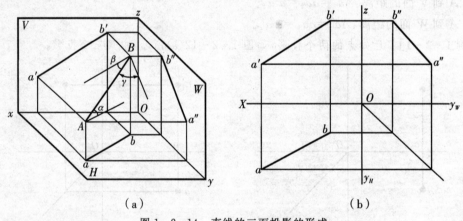

（a）　　　　　　　　　　　（b）

图 1-2-14 直线的三面投影的形成

按直线与投影面之间的相对位置不同,直线可分为三类:投影面平行线、投影面垂直线和一般位置直线。由于直线与投影面的相对位置不同,它们的投影特性也各不相同,下面分别介绍它们的投影特性。

1.投影面平行线

只与一个投影面平行的直线称为投影面平行线。只与 H 面平行的直线称为水平线,只与 V 面平行的直线称为正平线,只与 W 面平行的直线称为侧平线。各投影面平行线的投影特性见表 1-2-1。

表 1-2-1　投影面平行线的投影特性

类型	直观图	投影图	特征
水平线			$ab=AB$ $a'b'/\!/Ox$ $a''b''/\!/Oy_W$ 反映 β 和 γ 角
正平线			$c'd'=CD$ $cd/\!/Ox$ $c''d''/\!/Oz$ 反映 α 和 γ 角
侧平线			$e''f''=EF$ $e'f'/\!/Oz$ $of/\!/Oy_H$ 反映 α 和 β 角

综合分析各投影面平行线的投影特性可知,投影面平行线具有下列投影特性:

(1)直线在所平行的投影面上的投影反映线段实长,反映实长的投影与投影轴夹角反映直线与另外两个投影面的真实倾角。

(2)直线在另外两个投影面上的投影,分别平行于其所在投影面与平行投影面相交的投影轴,但不反映实长。

2. 投影面垂直线

垂直于某一投影面的直线称为投影面垂直线。垂直于 V 面的线为正垂线,垂直于 W 面的线为侧垂线,垂直于 H 面的线为铅垂线。各投影面垂直线的投影特性见表 1-2-2。

表 1-2-2　投影面垂直线的投影特性

类型	直观图	投影图	特征
铅垂线			ab 积聚为一点 $a'b'=a''b''=AB$ $a'b'\perp Ox$ $a''b''\perp Oy_W$

类型	直观图	投影图	特征
正垂线			$c'd'$ 积聚为一点 $cd=c''d''=CD$ $cd\perp Ox$ $c''d''\perp Oz$
侧垂线			$e''f''$ 积聚为一点 $e'f'=ef=EF$ $e'f'\perp Oz$ $ef\perp Oy_H$

综合分析各投影面垂直线的投影特性可知,投影面垂直线具有下列投影特性:

(1)直线在所垂直的投影面上的投影积聚为一点。

(2)直线在其他两投影面上的投影,均垂直于其所在投影面与垂直投影面相交的投影轴,且反映实长。

3.一般位置直线

与三个投影面均处于倾斜位置的直线称为一般位置直线,如图 1-2-14(a)所示。由图 1-2-14(a)可知,由于直线与各投影面都处于倾斜位置,与各投影面都有倾角,因此,线段投影长度均短于实长。直线 AB 的各个投影与投影轴的夹角不能反映直线对各投影面的倾角。由此可见,一般位置直线具有下列投影特性:

(1)直线的三个投影都为直线且均小于实长。

(2)直线的三个投影均倾斜于投影轴,任何投影与投影轴的夹角都不能反映空间直线与投影面的倾角。

三、平面的投影

平面可以看成是点和直线不同形式的组合,一般常用平面图形来表示,如三角形、四边形等。要绘制平面的投影,只需作出表示平面图形轮廓的点和线的投影,依次连接即可得到平面的投影图。根据平面与投影面相对位置不同,平面可以分为三类:投影面平行面、投影面垂直面、一般位置平面。下面分别介绍各类平面的投影特性。

1.投影面平行面

投影面平行面平行于一个投影面,垂直于其余两个投影面。平行于 H 面的平面称为水平面;平行于 V 面的平面,称为正平面;平行于 W 面的平面,称为侧平面。各投影面平行面的投影特性见表 1-2-3。

表 1-2-3　投影面平行面的投影特性

种类	直观图	投影图	投影特征
正平面			(1)在 V 面上的投影反映实形 (2)在 H 面、W 面上的投影积聚为一直线,且分别平行于 Ox 轴和 Oz 轴
水平面			(1)在 H 面上的投影反映实形 (2)在 V 面、W 面上的投影积聚为一直线,且分别平行于 Ox 轴和 Oy_W 轴
侧平面			(1)在 W 面上的投影反映实形 (2)在 H 面、V 面上的投影积聚为一直线,且分别平行于 Oz 轴和 Oy_H 轴

综合分析各类投影面平行面的投影特性可知,投影面平行面具有下列投影特性:

(1)平面在其所平行的投影面上的投影反映实形。

(2)平面在另外两个投影面上的投影积聚成一直线,且分别平行于各投影所在平面与平行投影面相交的投影轴。

2.投影面垂直面

垂直于一个投影面,倾斜于其余二投影面的平面,称为投影面垂直面。垂直于 H 面的平面,称为铅垂面;垂直于 V 面的平面,称为正垂面;垂直于 W 面的平面,称为侧垂面。各投影面垂直面的投影特性见表 1-2-4。

表 1-2-4　投影面垂直面的投影特性

种类	直观图	投影图	投影特征
正垂面			(1)正面投影积聚为一斜直线,反映 α 和 γ 角 (2)水平投影和侧面投影均为平面的类似图形

种类	直观图	投影图	投影特征
铅垂面			(1)水平投影积聚为一斜直线,反映 β 和 γ 角 (2)正面投影和侧面投影均为平面的类似图形
侧垂面			(1)侧面投影积聚为一斜直线,反映 α 和 β 角 (2)正面投影和水平投影均为平面的类似图形

综合分析各类投影面垂直面的投影特性可知,投影面垂直面具有下列投影特性:

(1)平面在其垂直的投影面上的投影积聚成一直线,且该直线与相应投影轴的夹角,反映该平面对另外两个投影面的倾角。

(2)平面在另两个投影面上的投影为原平面图形的类似形,且小于实形。

3.一般位置平面

对所有的投影面都倾斜的平面叫一般位置平面。如图 1-2-15 所示为一般位置平面的投影,从图中可以看出,三个投影均不反映平面的实形,也无积聚性,是原图形的类似形。因此,一般位置平面的三面投影为三个原平面图形的类似形。

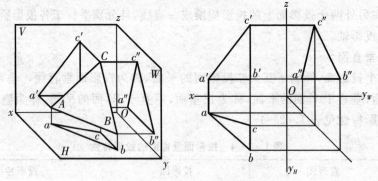

图 1-2-15　一般位置平面的投影

📖 **本章小结**

投影是假设按规定方向射来的光线能够透过物体照射形成的影子。投影分为中心投影和平行投影。平行投影又分为正投影和斜投影两种。正投影的基本性质主要有积聚性、实形性和类似性。

为了能够判断物体的空间形状,设立三个相互垂直的投影面 H、V、W,组成一个三面投影体系。利用正投影原理将物体分别向这三个投影面上进行投影,就会在 H、V、W 面上得到物体的三面投影,分别称为水平投影、正面投影和侧面投影。物体的三面投影之间存在"长对正、高平齐、宽相等"的对应关系。

任何复杂的形体都可以看成是由点、线和面所组成的。因此,研究点、线和面的投影特性对正确地绘制和阅读物体的投影图是十分重要的。点的投影仍是点。当空间两点位于某一投影面的同一投影线上时,则此两点的投影重合,这两点称为重影点。直线的投影可是直线或点。平面的投影可是平面或直线,根据其对投影面之间的相对位置不同,投影特性亦不同。

复习思考题

1.如题图 1-2-1 所示,已知点的两面投影,求第三投影。

2.作直线的投影,如题图 1-2-2 所示。

(1)如题图 1-2-2(1)所示,已知直线 cd 端点 c 的两投影,cd 长 30 mm 且垂直 H 面,求其三面投影。

(2)如题图 1-2-2(2)所示,已知直线 $ef//V$ 面,e、f 两点分别距 H 面 5 mm 和 15 mm,求其 V 面、W 面投影。

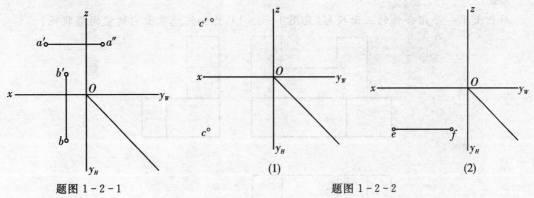

题图 1-2-1   (1)   (2)
                              题图 1-2-2

3.如题图 1-2-3 所示,判断一般位置平面相对于投影的位置。

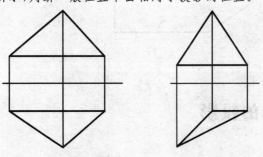

题图 1-2-3

任务 3 体的投影

学习目标

通过学习基本体的投影规律及组合体投影图的相关知识,能够绘制和识读组合体的投影图。

引例

给出大家一个组合体的三面投影(见图 1-3-1),你如何想象出它的空间形状呢?

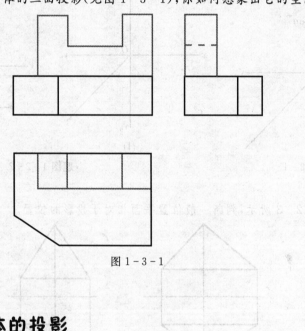

图 1-3-1

3.1 基本体的投影

一、棱柱

1.棱柱的形成

棱柱由一平面图形沿直线路径延伸而形成。如果直线路径与平面图形垂直,则形成直棱柱,若直棱柱的底边为正多边形,则称为正棱柱,如图 1-3-2(a)所示;如果直线路径与平面图形倾斜,则形成斜棱柱,如图 1-3-2(b)所示。棱柱通常按它的底面边数命名,如底面边数为三边形,则称为三棱柱。

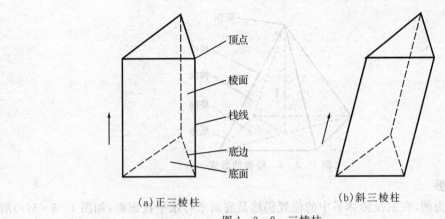

(a)正三棱柱　　　　　　　(b)斜三棱柱

图 1-3-2　三棱柱

2.棱柱的投影

以正三棱柱为例,如图 1-3-3(a)所示,下面简要介绍一下如何绘制其三面投影。

通常为了画图和看图方便,在作棱柱的投影时,常使棱柱的两个底面与一个投影面平行。该三棱柱顶面和底面均为水平面,其水平投影为正三角形,另两个投影均为水平的直线(具有积聚性)。所有侧棱面都垂直于 H 面,水平投影为直线,且重合在三角形的三条边上,三条棱线都为铅垂线。其作图结果如图 1-3-3(b)所示。

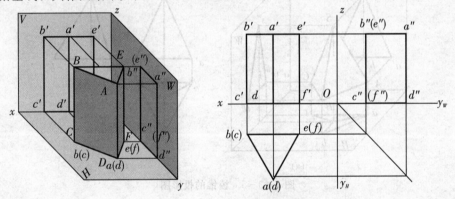

图 1-3-3　正三棱柱的投影

正棱柱体底面与一个投影面平行时的三面投影规律为:正棱柱的一个投影为多边形,另两个投影的外部轮廓为矩形。多边形的边数为棱柱的棱数。

利用其投影规律可以绘制棱柱体的投影,同时也可帮助识读棱柱体的投影。即当一个形体的三面投影具有如上特征时,则可判断该形体为棱柱体,根据多边形的边数可知其为几棱柱。

二、棱锥

1.棱锥的形成

如图 1-3-4 所示,在平面多边形内取一点,将此点和多边形各顶点用直线连接,然后想象将此点沿与平面多边形垂直的方向移动至某一位置,各连接线段也随之伸长,即形成棱锥,此点称为锥顶,平面多边形为棱锥的底面,各侧面为三角形,所有的侧棱相交于一点。棱锥通常也按底面的边数命名,如底面为四边形,称为四棱锥。

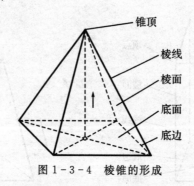

图 1 - 3 - 4　棱锥的形成

2.棱锥的投影

以正三棱锥为例,在三投影体系中的位置仍然是底面平行水平投影面,如图 1-3-5(a)所示,即底面 △ABC 是水平面,它的水平投影为 △abc 反映实形;正面投影、侧面投影积聚成水平直线。后棱面 △SAC 是侧垂面,其侧面投影积聚成直线,其余两个投影 △s'a'c'、△s"a"c" 为类似形。左右两个侧棱面为一般位置平面,因而它们的三个投影均为类似形。锥顶 S 的三个投影分别是 s、s'、s"。作图时,可以先求出底面和棱锥顶点 S,再补全棱锥的投影。其作图结果如图 1-3-5(b)所示。

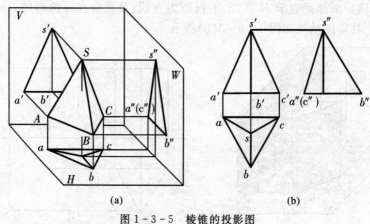

图 1 - 3 - 5　棱锥的投影图

正棱锥体底面与一个投影面平行时的三面投影规律为:正棱锥的一个投影的外部轮廓为多边形,另两个投影的外部轮廓为三角形。

(1)多边形投影的边数反映棱锥的棱数,其内部是以该多边形为底边,以棱锥的顶点为公共顶点的多个三角形。

(2)另两个三角形投影的底边分别与相应投影轴平行,其内部是多个以棱锥的顶点为公共顶点的三角形。

利用其投影规律可以绘制正棱锥体的投影,同时也可帮助识读正棱锥体的投影。即当一个形体的三面投影具有如上特征时,则可以判断该形体为正棱锥体,根据多边形的边数可知其为几棱锥。

三、圆柱

1.圆柱的形成

圆柱由一个圆沿直线路径延伸而形成。如果直线路径与圆垂直,则形成正圆柱(简称圆柱),如图1-3-6(a)所示;如果直线路径与圆倾斜,则形成斜圆柱,如图1-3-6(b)所示。

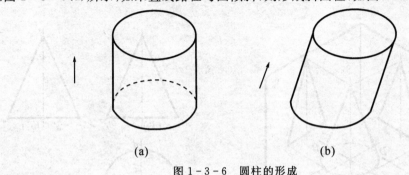

(a)　　　　　　　　　　(b)

图1-3-6　圆柱的形成

2.圆柱的投影

为方便作圆柱体的投影,通常使其底面平行于 H 面,其投影如图1-3-7(a)所示。它的顶面和底面均是水平面,其水平投影反映实形,为圆;正面、侧面投影各积聚成水平直线。圆柱面的水平投影积聚为圆周,与顶面和底面的水平投影轮廓重合。圆柱面的正面投影是轮廓素线 AA_1、BB_1 的投影 $a'a_1'$、$b'b_1'$ 与两底面的积聚投影围成的矩形,AA_1、BB_1 将圆柱面分成可见的前半部分与不可见的后半部分。圆柱面的侧面投影是轮廓素线 CC_1、DD_1 的投影 $c''c_1''$、$d''d_1''$ 与两底面的积聚投影围成的矩形,CC_1、DD_1 将圆柱面分成可见的左半部分与不可见的右半部分。如图1-3-7(b)所示。

由此可知,底面与一个投影面平行的圆柱体的三面投影规律为:一个投影为圆,另两个投影为全等的矩形。

利用其投影规律可以绘制圆柱体的投影,同时也可帮助识读圆柱体的投影。即当一个形体的三面投影具有如上特征时,则可以判断该形体为圆柱体。

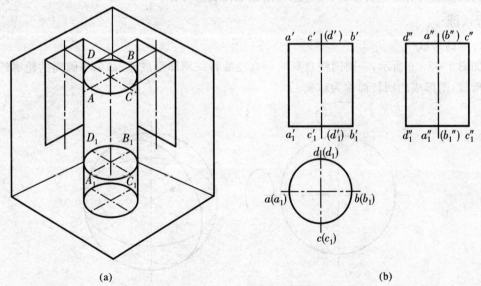

(a)　　　　　　　　　　　　　　　(b)

图1-3-7　圆柱的投影

四、圆锥

圆锥是由一个圆形平面与一个圆锥面围成的形体。圆平面称为底面,圆锥面称为侧面。

为方便作圆锥体的投影,常使圆锥的底面平行于某一投影面。如图1-3-8所示为其底面平行 H 面的圆锥体的投影。

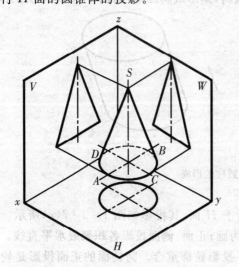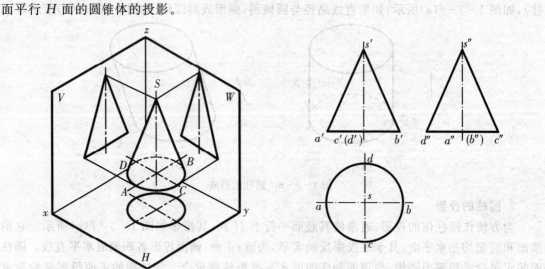

图 1-3-8 圆锥的投影

　　圆锥的水平投影为圆,反映了底面圆的实形,实际上是圆锥底面和侧面投影的重合,水平投影的圆心就是圆锥顶点的投影。V 面及 W 面的投影均为三角形,其水平线为底圆投影积聚而成,另两条与顶点相连的斜线为左右两素线的投影。

　　由此可知,底面与一个投影面平行的圆锥体的三面投影规律为:一个投影为圆,另两个投影为全等的等腰三角形。

　　利用其投影规律可以绘制圆锥体的投影,同时也可帮助识读圆锥体的投影。即当一个形体的三面投影具有如上特征时,则可以判断该形体为圆锥体。

五、球

1.球的形成

　　如图 1-3-9 所示,一圆周绕自身的一直径旋转一周即形成球;如果将圆周的轮廓线看成是一母线,则形成的回转面称为球面。

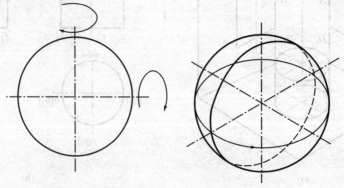

图 1-3-9 球的形成

2.球的投影图

　　(1)投影分析。圆球的三个投影都是圆,其直径都等于圆球的直径,如图 1-3-10(a)所示。这三个圆不是球面上同一个圆的三面投影,而是球面上的最大正面纬圆 A、最大水平纬圆

B 和最大侧平纬圆 C 的投影。这三个纬圆的另外两面投影都是直线,分别与其同面投影中的圆的中心线重合。以正平纬圆 A 分界的前、后两半球面的正面投影重合,其中,前半球面可见,后半球面不可见;以水平纬圆 B 分界的上、下两半球面的水平投影重合,其中,上半球面可见,下半球面不可见;以侧平纬圆 C 分界的左、右两半球的侧面投影重合,其中,做半球面可见,右半球面不可见。

在此需要指出,对于一个完全由曲面围成的立体,某一投影图上所画出轮廓线都是立体表面对该投影面的转向线。例如,球面上的最大正平纬圆 A,就是球面对 V 面的转向线。由于对 V 面的转向线一定不是对其他投影面的转向线,所以,它在其他投影面上不画。

(2)作图方法。先按投影关系画出确定球心位置的三对垂直相关的中心线,再作球的三面投影(圆),如图 1-3-10(b)所示。

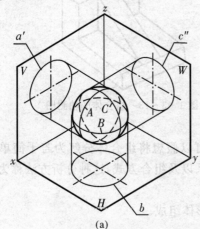
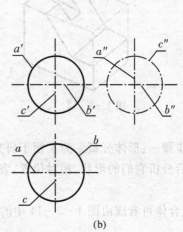

(a)   (b)

图 1-3-10 球的投影

3.2 组合体的投影

一、组合体投影图的绘制

1.组合体的构成

组合体就是以基本几何体按不同方式组合而成的形体。建筑工程中的形体,大部分是以组合体的形式出现的。组合体按构成方式的不同可分为以下几种形式。

(1)叠加型组合体。由几个基本几何体堆砌或拼合而成的形体,称为叠加型组合体,如图 1-3-11 所示。

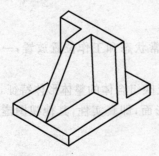
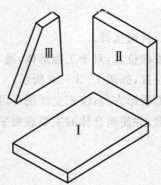

图 1-3-11

(2)切割型组合体。由一个基本几何体经过若干次切割后形成的形体,称为切割型组合体,如图1-3-12所示。

(3)混合型组合体。混合型组合体是既有叠加又有切割的组合体。

2.组合体三面投影图的画法

根据图1-3-13中形体的轴侧图画其三面投影图。

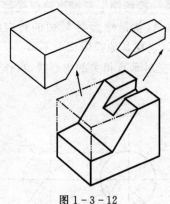
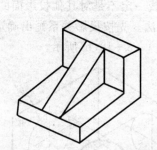

图1-3-12　　　　　　　　　　图1-3-13　组合体的轴测图

(1)步骤一:形体分析。为了便于研究组合体,可以假想将组合体分解为若干简单的基本形体,然后分析它们的形状、相对位置、表面连接关系以及组合方式,这种分析方法称为形体分析法。

此组合体可看成由图1-3-14中的几个基本形体组成。

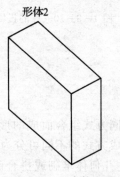
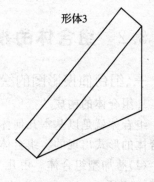

图1-3-14　组合体的分解

(2)步骤二:视图选择。

①形体的安放位置:对于工程形体,通常按其正常状态和工作位置放置,一般保持基面在下并处于水平位置,如图1-3-13所示。

②选择正面投影方向:使正立面图尽可能多地反映组合体的整体形体特征,以及各基本体之间的相对位置;并使组合体的主要表面平行于投影面,即真实性,其他视图虚线要少。如图1-3-15所示。

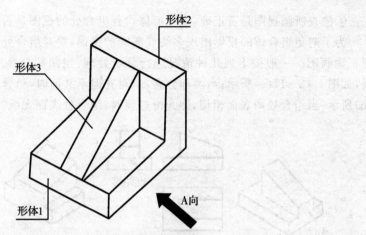

图 1-3-15　正面投影的选择

③投影数量的确定：正面投影确定后，为减少画图的工作量，在能够完整、清楚地表达形体的形状及结构的前提下，尽量减少投影图的数量。对组合体而言，一般要画出三面投影。

(3) 步骤三：作投影图。

①根据形体的大小和复杂程度，确定图样的比例和图幅。

②用中心线、对称线或基准线，定出各视图在图纸上的位置。

③逐个画出各基本体的三视图，必须注意每部分三视图间都应符合投影规律。如图 1-3-16 所示。

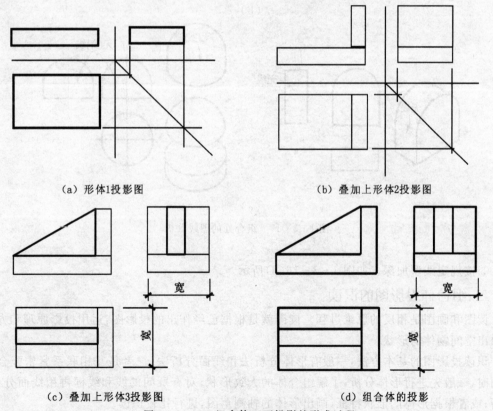

（a）形体1投影图　　　　　　　　　　（b）叠加上形体2投影图

（c）叠加上形体3投影图　　　　　　　　（d）组合体的投影

图 1-3-16　组合体三面投影的形成过程

④检查所画视图是否正确,对应形体检查组合处的视图是否有缺少或多余的图线。

为了避免组合体的投影出现多线或漏线的错误,要对组合处的图线是否存在进行分析,以便正确画图。一般按下列几种情况进行分析处理:当两部分叠加时,对齐共面组合处表面无线,如图1-3-17(a)所示;当两部分叠加,对齐但不共面时,组合处表面应有线,如图1-3-17(b)所示;当组合处两表面相切,即光滑过渡时,组合处表面无线,如图1-3-17(c)所示。

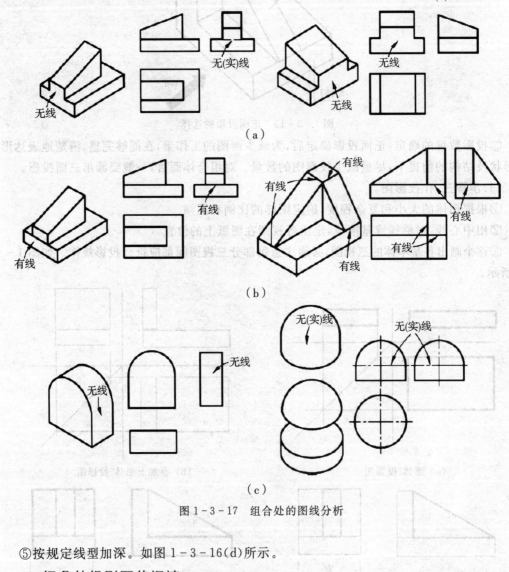

图1-3-17 组合处的图线分析

⑤按规定线型加深。如图1-3-16(d)所示。

二、组合体投影图的识读

读图和画图是相反的思维过程。读图就是根据已经作出的投影图,运用投影原理和方法,想象出空间物体的形状。

识读投影图的基本方法,一般有形体分析法和线面分析法,二者是互相联系紧密配合的。读图时,一般先进行形体分析,了解组合体的大致形状,对有疑问的线和线框再用线面分析法分析;或者根据形体的形状特征,画出形体的轴测草图,进行比较识读。

1.形体分析法

形体分析法是以基本形体的投影特点为基础,分析组合体的组合方式和各组成部分的相对位置以及表面连接关系,然后综合起来想象出组合体的空间形状。

通过对物体几个投影图的对比,先找到特征视图,将特征视图分解成若干个封闭线框,按"三等关系"找出每一线框所对应的其他投影,并想象出形状。然后再把它们拼装起来,去掉重复的部分,最后构思出该物体的整体形状。

【例1-3-1】 根据组合体的投影图,如图1-3-18所示,想象其空间形状。

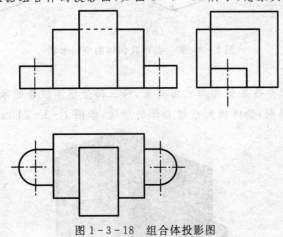

图1-3-18 组合体投影图

分析:

(1)根据三面投影的特征可判断该组合体为叠加体。根据水平面投影特征,判断该组合体可分为四部分。

(2)找出每一部分对应的三面投影,如图1-3-19所示。

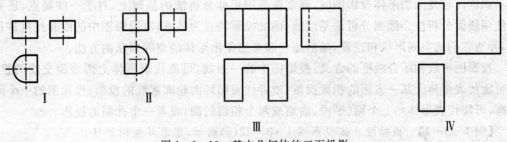

图1-3-19 基本几何体的三面投影

(3)根据每一部分投影的特征,推断出基本几何体的形状,两个柱体如图1-3-20(a)所示,一个凹形柱体如图1-3-20(b)所示,一个长方体如图1-3-20(c)所示。

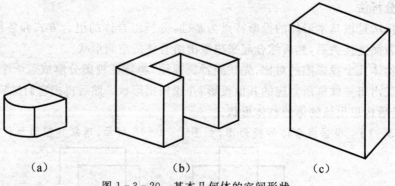

图1-3-20　基本几何体的空间形状

（4）最后，根据各部分投影的相对位置关系，将三部分形体组合起来，组合体的形状就清楚了。然后对应三面投影图，最终确定出组合体的形状，如图1-3-21所示。

图1-3-21　组合体空间形状

2.线面分析法

识读比较复杂的形体投影图时，通常在应用形体分析法的基础上，对于一些疑点，还要结合使用线面分析法。线面分析法是以线、面的投影特点为基础，对投影图中的线和线框进行分析，弄清它们的空间形状和位置，然后综合起来想象出形体的空间形状的方法。

投影图中线和闭合线框的含义：投影图中的一条线，可能代表形体上两表面交线的投影，也可能代表形体上某一表面的积聚投影，或者代表回转面轮廓素线的投影；投影图的一个闭合线框，可能代表形体的一个面（平面、曲面或两个相切的面）或者一个孔洞的投影。

【例1-3-2】　根据组合体投影图1-3-22（a）所示，想象其空间形状。

分析：

（1）由三面投影可以看出此组合体是由长方体经过切割形成的。

（2）水平面投影图中有一斜线 p，根据投影的基本原则，其对应的投影应为 p' 和 p''，p 和 p'' 是两个线框，则 P 为铅垂面。由此可知，长方体的左部被铅垂面 P 切去一个三棱柱。

（3）侧面投影图中有两斜线 q''、r''，根据投影的基本原则，其对应的投影应为 q、q' 和 r、r'，q 和 q' 是两个线框，则 Q 为侧垂面；r 为一线框，r' 为一直线，则 R 为水平面；由此可知，长方体的前上部又被侧垂面 Q 和水平面 R 切去一个三棱柱。

（4）如图1-3-22（d）所示，是根据线面分析法分析出各平面位置和形状，想象出的整体空间形状。

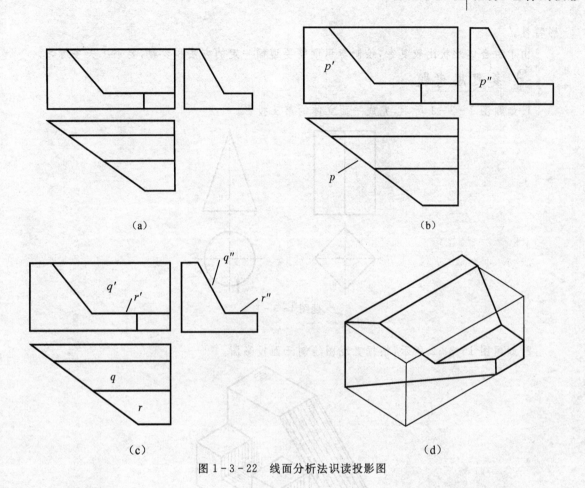

图 1 - 3 - 22 线面分析法识读投影图

3.读图步骤

阅读组合体投影图时,一般可按下列步骤进行:

(1)从整体出发,先把一组投影统看一遍,找出特征明显的投影面,粗略分析出该组合体的组合方式。

(2)根据组合方式,将特征投影大致划分为几个部分。

(3)分析各部分的投影,根据每个部分的三面投影,想象出每个部分的形状。

(4)对不易确认形状的部分,应用线面分析法仔细推敲。

(5)将已经确认的各部分组合,形成一个整体。然后按想出的整体作三面投影,与原投影图相比,若有不符之处,则应将该部分重新分析和辨认,直至想出的形体的投影与原投影完全符合为止。

读图是一个空间思维的过程,每个人的读图能力与掌握投影原理的深浅和运用的熟练程度有关。因为较熟悉的形状易于想象,所以读图的关键是每个人都要尽可能多地记忆一些常见形体的投影,并通过自己反复地读图实践,积累自己的经验,以提高读图的能力和水平。

本章小结

组合体是由基本几何体按不同方式组合而成的形体。基本几何体常分为平面体和曲面体。建筑工程中的基本形体大部分是较规整的形体,因此要理解好正平面体和正曲面体的投影特性。

由于组合体形状比较复杂,绘制与识读需要遵循一定的方法和步骤,要下工夫多练习。

复习思考题

1.如题图 1-3-1 所示,完成平面立体的第三投影。

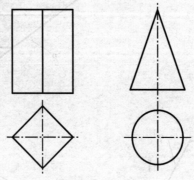

题图 1-3-1

2.如题图 1-3-2 所示,根据直观图绘制三面投影图。

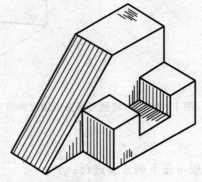

题图 1-3-2

3.题图 1-3-3 所示,根据三面投影想象形体的空间形状。

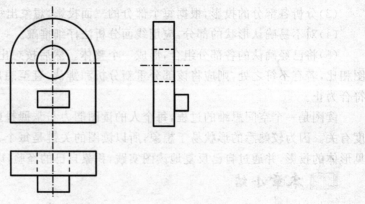

题图 1-3-3

任务 4　剖面图和断面图

了解剖面图和断面图的形成过程,掌握剖面图和断面图的分类及适用范围,能够正确绘制几何形体的剖面图和断面图形。

☞ 引例

很多物体的内部复杂结构必然形成投影图中的虚实线重叠交错,混淆不清,无法清楚表示物体的内部构造,既不便于标注尺寸,又不易识图,必须设法减少和消除投影图中的虚线。这时候就需要把物体按一定截面剖开,用剖面图展示物体内部组成。

4.1　剖面图

一、剖面图的形成

在画三面投影图时,规定了可见轮廓线用实线表示,不可见的轮廓线用虚线表示。对于复杂结构的工程物,特别是非实心体,常因内部构造复杂,虚线多,造成投影图中虚实线密集、交叉、内外重叠,这样既影响图样的清晰,又难于标注尺寸。为改变这种情况,工程实践中采用剖面图来解决这一问题。

假想用一个剖切面将形体切开,移去剖切面与观者之间的部分形体,将剩下的部分形体向基本投影面投射,所得到的投影图称为剖面图。如图 1-4-1 所示。

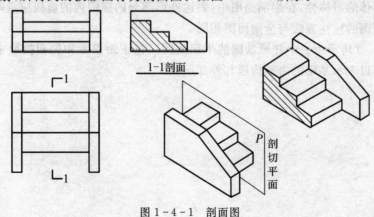

图 1-4-1　剖面图

二、剖面图的分类

1. 全剖面图

不对称的建筑形体,或虽然对称但外形比较简单,或在另一个投影中已将它的外形表达清楚时,可假想用一个剖切平面将形体全部剖开,然后画出形体的剖面图,该剖面图称为全剖面图。如图 1-4-2 所示。

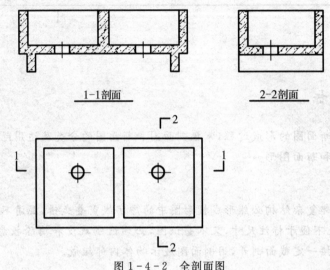

图 1-4-2　全剖面图

2. 半剖面图

如果被剖切的形体是对称的,画图时常把投影图的一半画成剖面图,另一半画形体的外形图,这个组合而成的投影图叫半剖面图。

对于半剖面图,需要注意以下问题:

(1)半剖面图适用于内、外形状均需表达的对称形体。

(2)在半剖面中,剖面图与投影图之间,规定用形体的对称中心线(细单点长画线)为分界线,宜画上对称符号。

(3)习惯上,当对称中心线是竖直时,半个剖面画在投影图的右侧;当对称中心线是水平时,半剖面画在投影图的下侧。

(4)由于形体的对称性,在半剖面图中,表达外形部分的视图内的虚线应省略不画。

(5)半剖面图的标注方法与全剖面图相同。

如图 1-4-3 所示为一个杯形基础的半剖面图。在正面投影和侧面投影中,都采用了半剖面图的画法,以表示基础的内部构造和外部形状。

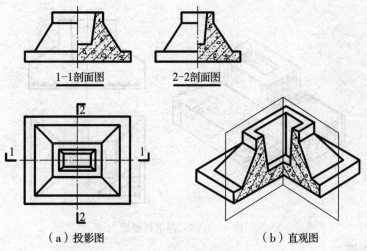

（a）投影图　　　　　　　　　　（b）直观图

图 1-4-3　半剖面图

3. 阶梯剖面图

若形体上有较多的孔、槽等,当用一个剖切平面不能都剖到时,则可以假想用几个互相平行的剖切平面通过孔、槽的轴线把形体剖开,所得到的剖面图称为阶梯剖面图。如图 1-4-4 所示。该形体上有两个前后位置不同、形状各异的孔洞,两孔的轴线不在同一正平面内,用一个剖切平面难以同时通过两个孔洞轴线。为此采用两个互相平行的平面 P_1 和 P_2 作为剖切平面,并将形体完全剖开,将剩余部分向 V 面投影就形成阶梯剖面图。

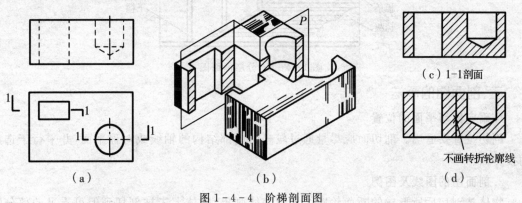

（a）　　　　　　　　　　　（b）　　　　　　　　　　（d）

（c）1-1剖面

不画转折轮廓线

图 1-4-4　阶梯剖面图

对于阶梯剖面图,需要注意以下问题:

(1)剖切是假想的,不应画出转折处的分界线。

(2)在标注时,在两剖切平面转角的外侧加注与剖切符号相同的编号。

(3)当剖切位置明显,又不致引起误解时,转折处允许省略标注数字(或字母)。

(4)当形体仅需一部分采用剖面图就可以表示内部构造时,可采用将该部分剖开形成局部剖面的形式,称为局部剖面图。局部剖面图与原视图之间,用徒手画的波浪线分界。波浪线不应与任何图线重合。局部剖面图常用于外部形状比较复杂,仅仅需要表达局部内部的建筑形体。如图 1-4-5 所示。

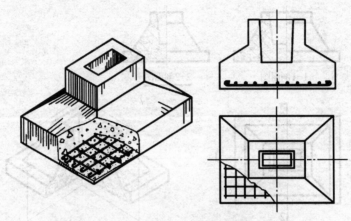

图 1-4-5 局部剖面图

4.分层剖面图

为了表示建筑物局部的构造层次,并保留其部分外形,可局部分层剖切,由此得到的图形称为分层剖面图。如图 1-4-6 所示。

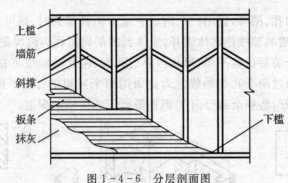

上槛
墙筋
斜撑
板条
抹灰
下槛

图 1-4-6 分层剖面图

三、剖面图的画法

1.确定剖切平面的位置

剖切位置要适当。剖切面应尽量通过较多的内部结构的轴线或对称平面,并平行于选定的投影面。

2.剖面图的图线及图例

物体被剖切后所形成的断面轮廓线用粗实线画出,物体上未被剖切到但可看见的部分的投影轮廓线用细实线画出,看不见的虚线一般省略不画。

3.剖面图的标注

剖面图是由剖切位置和投射方向决定的,在剖面图中用剖切符号标注出剖切位置和投射方向。

4.2 断面图

一、断面图的形成

当剖切平面剖开物体后,其剖切平面与物体的截交线所围成的截断面,就称为断面。断面图的形状是由剖切位置和投射方向决定的。如图 1-4-7 所示。

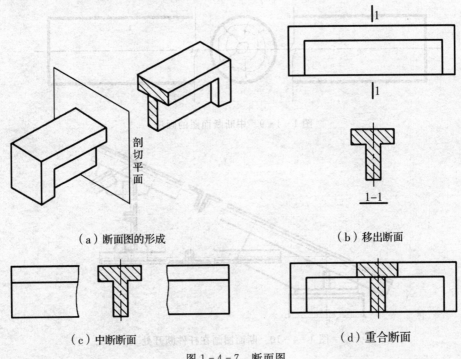

（a）断面图的形成　　　　　（b）移出断面

（c）中断断面　　　　　　（d）重合断面

图 1-4-7　断面图

二、断面图的分类

断面图主要用于表达形体或构件的断面形状,根据其安放位置不同,一般可分为以下三种形式。

1. 移出断面

将形体某一部分剖切后所形成的断面图移画于主投影图的一侧,称为移出断面,如图 1-4-8 所示。

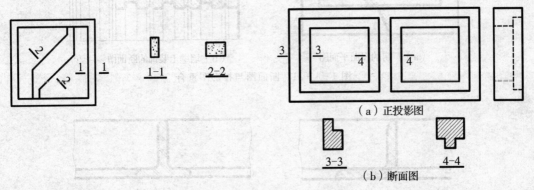

（a）正投影图

（b）断面图

图 1-4-8　移出断面图的画法

2. 中断断面

对于单一的长向杆件,也可在杆件投影图的某一处用折断线断开,然后将断面图画于其中,如图 1-4-9 所示。同样,钢屋架的大样图也采用断开画法,如图 1-4-10 所示。

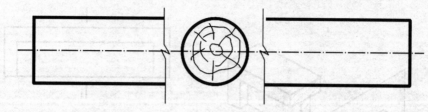

图 1-4-9　中断断面图的画法

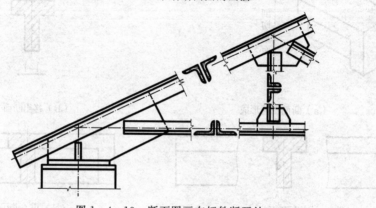

图 1-4-10　断面图画在杆件断开处

3.重合断面

将断面图直接画于投影图中,二者重合在一起的称为重合断面,如图 1-4-11 所示。

重合断面图的比例应与原投影图一致。断面轮廓线可能是闭合的(如图 1-4-12 所示),也可能是不闭合的(如图 1-4-11 所示),此时应于断面轮廓线的内侧加画图例符号。

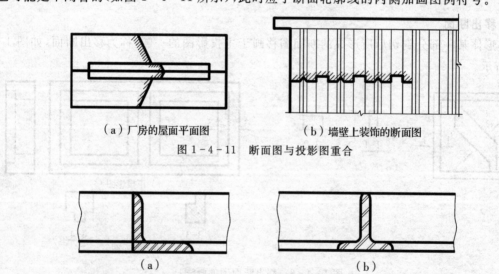

（a）厂房的屋面平面图　　　　（b）墙壁上装饰的断面图

图 1-4-11　断面图与投影图重合

（a）　　　　　　　　　　（b）

图 1-4-12　断面图是闭合的

三、剖面图和断面图画法的区别

剖面图和断面图画法的区别,如图 1-4-13 所示。

(1)绘图范围不同。画断面图时,只画出形体被剖开后断面的投影,即"面"的投影;画剖面图时,还应画出剩余部分形体的投影,即"体"的投影。

(2)剖切符号的标注不同。断面图的剖切符号只画出剖切位置线,不画投射方向线,用编号的书写位置来表示投射方向。

(3)剖切平面不同。剖面图中的剖切平面可转折,断面图中的剖切平面不转折。

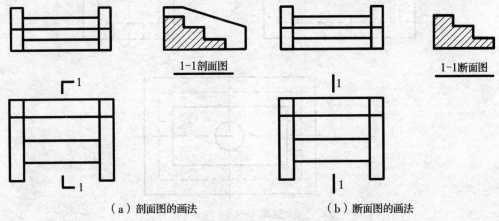

1-1剖面图 1-1断面图

(a)剖面图的画法 (b)断面图的画法

图 1-4-13 剖面图与断面图画法的区别

📖 本章小结

本章介绍了剖面图和断面图的形成、标注、画法以及剖面图和断面图画法的区别等。通过从形体的外部进入到形体的内部剖析,进一步增强对形体内外一致性的认识;对形体的分析要采用由外及里又从里到外的手段,增强对形体内部空间的了解。

复习思考题

1.什么是剖面图? 剖面图的用途是什么?

2.剖切方式有哪几种? 分别在什么情况下使用?

3.什么是断面图? 断面图和剖面图画法的区别是什么?

4.试将题图 1-4-1 所示的投影图改为剖面图。

5.绘制题图 1-4-2 的断面图。

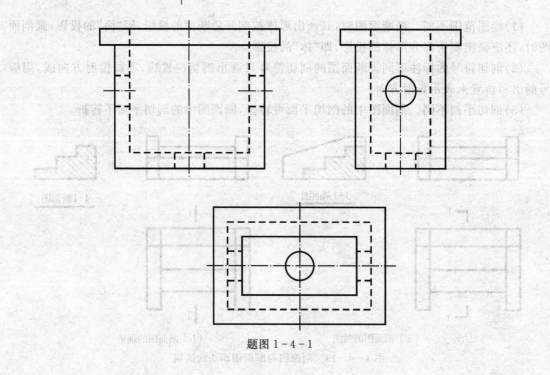

题图 1-4-1

题图 1-4-2

任务 5　识读建筑施工图

学习目标

了解建筑施工图的种类和画法;掌握建筑施工图的图示内容及识读,并能够由浅入深、由简单到复杂地看懂建筑施工图;能够发现并解决施工图中存在的问题;能够了解建筑施工图的画法。

引例

"建筑是流动的音乐",想正确演奏乐曲必须能够看懂乐谱,施工图纸就如同乐谱一样,想建造房屋必须能够识读施工图纸,下面我们就开始介绍施工图的基本知识和识读方法。

5.1　建筑施工图概述

一、建筑施工图的含义及分类

建筑工程施工图是指由设计单位的设计人员按照设计要求及相关规范设计并绘制的,用来指导工程施工的图样,是建筑工程最重要的图样之一。施工图通常是在初步设计的基础上,综合建筑、结构、设备等各工种的相互配合、协调和调整,并把满足工程施工的各项具体要求反映在图纸中。建筑工程施工图图示内容通常包括:视图、尺寸、图例符号和技术说明等内容。建筑工程施工图按专业主要分为建筑施工图、结构施工图、设备施工图以及装饰施工图等。

1. 建筑施工图

建筑施工图是在总体规划的前提下,根据建设任务要求和工程技术条件,表达房屋建筑的总体布局、房屋的房间组合设计、内部房间布置情况、外部的形状、建筑各部分的构造做法及施工要求等的图样。它是整个设计的先行部分,处于主导地位,是房屋建筑施工的主要依据,也是结构设计、设备设计的依据。

建筑施工图包括基本图和详图,其中基本图包括总平面图、建筑平面图、立面图和剖面图等;详图包括墙身、楼梯、门窗、厕所、檐口以及各种装修、构造的详细做法。

2. 结构施工图

结构施工图是配合建筑设计选样切实可行的结构方案,进行结构构件的计算和设计,并用结构设计图表示。它主要表示承重结构的布置情况、构件类型、构造及做法等。结构施工图也分为基本图和详图,其基本图纸包括基础平面布置图、柱网平面布置图、楼层结构平面布置图、屋顶结构平面布置图等。

3.设备施工图

建筑的施工图中,除了建筑施工图和结构施工图以外,还包括房屋相应的配套专业施工图,通常称之为设备施工图。设备施工图主要包括给排水施工图、电气施工图、暖通施工图等,它是依据房屋建筑的使用要求而设计的用以指导其配套的专业施工图样。

二、常用的图例和符号

建筑工程图是标准化、规范化的图纸,绘制该图纸必须遵守建筑行业相关规定。我国现行建筑制图规定主要有《房屋建筑制图统一标准》(GB/T 50001—2001)、《总图制图标准》(GB/T 50103—2001)、《建筑制图标准》(GB/T 50104—2001)、《建筑结构制图标准》(GB/T 50105—2001)等。这些标准旨在统一制图表达,提高制图效率,便于阅读和交流。

1.常用建筑材料图例

表1-5-1为常用建筑材料的图例。

表1-5-1 常用建筑材料图例

序号	名称	图例	备注
1	自然土壤		包括各种自然土壤
2	夯实土壤		—
3	砂、灰土		靠近轮廓线画较密的点
4	砂砾石、碎砖三合土		
5	石材		
6	毛石		—
7	普通砖		包括实心砖、多孔砖、砌块等砌体;断面较窄不易绘出图例线时,可涂红
8	耐火砖		包括耐酸砖等砌体
9	空心砖		即非承重砖砌体
10	饰面砖		包括铺地砖、马赛克、陶瓷锦砖、人造大理石等
11	焦渣、矿渣		包括与水泥、石灰等混合而成的材料
12	混凝土		(1)本图例指能承重的混凝土及钢筋混凝土 (2)包括各种强度等级、骨料、添加剂的混凝土
13	钢筋混凝土		(3)在剖面图上画出钢筋时,不画图例线 (4)断面图形小,不易画出图例线时,可涂黑
14	多孔材料		包括水泥珍珠岩、沥青珍珠岩、泡沫混凝土、非承重加气混凝土、软木、蛭石制品等

序号	名称	图例	备注
15	纤维材料	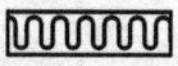	包括矿棉、岩棉、玻璃棉、麻丝、木丝板、纤维板等
16	泡沫塑料材料		包括聚苯乙烯、聚乙烯、聚氨酯等多孔聚合物类材料
17	木材		为横断面,左图为垫木、木砖或木龙骨
			为纵断面
18	胶合板		应注明为"×层胶合板"
19	石膏板		包括圆孔、方孔石膏板、防水石膏板等
20	金属		(1)包括各种金属 (2)图形小时,可涂黑
21	网状材料		(1)包括金属、塑料网状材料 (2)应注明具体材料名称
22	液体		应注明具体液体名称
23	玻璃		包括平板玻璃、磨砂玻璃、夹丝玻璃、钢化玻璃、中空玻璃、加层玻璃、镀膜玻璃等
24	橡胶		—
25	塑料		包括各种软、硬塑料及有机玻璃等
26	防水材料		构造层次多或比例大时,采用上面图例
27	粉刷		本图例采用较稀的点

2. 轴线

确定建筑物承重构件位置的线叫定位轴线,各承重构件均需标注纵横两个方向的定位轴线,非承重或次要构件应标注附加轴线。如图 1-5-1 所示。定位轴线应用细点画线绘制。一般应编号,编号应注写在轴线端部的圆内。圆应用细实线绘制,直径为 8~10 mm。定位轴线圆的圆心,应在定位轴线的延长线上或延长线的折线上。定位轴线的编号,宜标注在图样的下方与左侧。横向编号应用阿拉伯数字,从左至右顺序编写,竖向编号应用大写拉丁字母,从下至上顺序编写。拉丁字母的 I、O、Z 不得用作轴线编号。如字母数量不够使用,可增用双字母或单字母加数字注脚,如 AA、BA…YA 或 A1、B1…Y1。当建筑平面图比较复杂,定位轴线也可以采用分区编号。编号的注写形式应为"分区号—该分区编号"。分区号采用阿拉伯数字或大写拉丁字母表示。如图 1-5-2 所示。

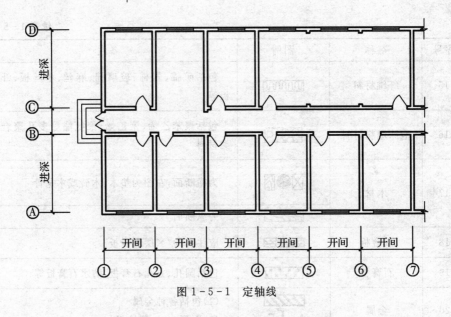

图 1-5-1　定轴线

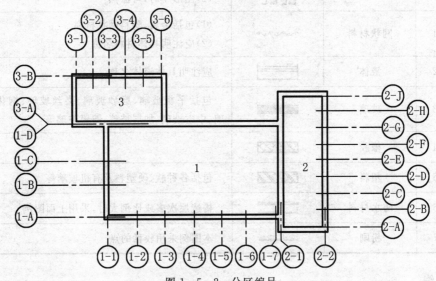

图 1-5-2　分区编号

3.标高图例及代号

标高是标注建筑物各部位高度的另一种尺寸形式。标高按基准面选取的不同分为绝对标高和相对标高。如图 1-5-3 所示。

我国规定以青岛附近黄海夏季的平均海平面作为标高的零点,所计算的标高称为绝对标高。

以建筑物室内首层主要地面高度为零作为标高的起点,所计算的标高称为相对标高。在相对标高中,凡是包括装饰层厚度的标高,称为建筑标高,注写在构件的装饰层面上。在相对标高中,凡是不包括装饰层厚度的标高,称为结构标高,注写在构件的底部,是构件的安装或施工高度。

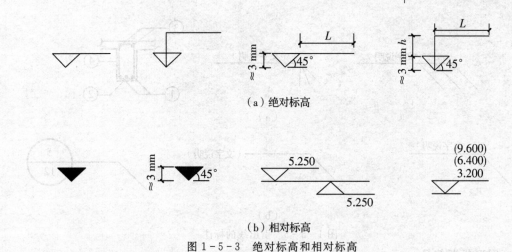

（a）绝对标高

（b）相对标高

图 1-5-3　绝对标高和相对标高

4.索引符号和详图编号

图样中的某一局部或某一构件和构件间的构造如需另见详图,应以索引符号索引,即在需要另画详图的部位编上索引符号,并在所画的详图上编上详图符号,两者必须对应一致,以便看图时查找有关的图纸。

按规定,索引符号的圆和引出线均应以细实线绘制,圆直径为 10 mm。引出线应对准圆心,圆内过圆心画一水平线,上半圆中用阿拉伯数字注明该详图的编号,下半圆中用阿拉伯数字注明该详图所在图纸的图纸号。如果详图与被索引的图样在同一张图纸内,则在下半圆中间画一水平细实线。索引出的详图,如采用标准图,应在索引符号水平直径的延长线上加注该标准图册的编号。如图 1-5-4 所示。

详图与被索引的图样在同一张图内　　　详图与被索引的图样不在一张图内

图 1-5-4　索引符号的标注

当索引符号用于索引剖面详图时,应在被剖切的部位绘制剖切位置线。引出线所在一侧应为投射方向。

5.引出线

对图样中某些部位由于图形比例较小,其具体内容或要求无法标注时,常用引出线注出文字说明或详图索引符号。如图 1-5-5 所示。

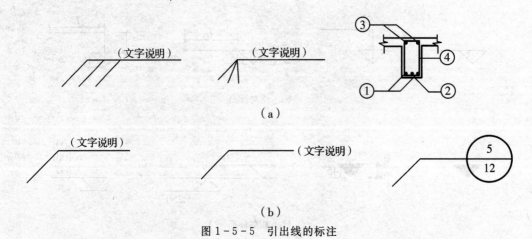

图 1-5-5　引出线的标注

6. 图形折断符号

在工程图中,为了将不需要表明或可以节缩的部分图形删去,可采用折断符号画出。如图 1-5-6 所示。

(1)直线折断。当图形采用直线折断时,其折断符号为折断线,它经过被折断的图面。

(2)曲线折断。对圆形构件的图形折断,其折断符号为曲线。

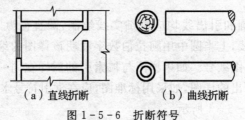

（a）直线折断　　　（b）曲线折断

图 1-5-6　折断符号

7. 对称符号

当房屋施工图的图形完全对称时,可只画该图形的一半,并画出对称符号,以节省图纸篇幅。如图 1-5-7 所示。

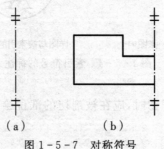

（a）　　　　（b）

图 1-5-7　对称符号

8. 连接符号

对于较长的构件,当其长度方向的形状相同或按一定规律变化时,可断开绘制,断开处应用连接符号表示。如图 1-5-8 所示。

9. 指北针

在总平面图及底层建筑平面图上,一般都画有指北针,以指明建筑物的朝向。如图 1-5-9 所示,圆的直径宜为 24 mm,用细实线绘制。指针尾端的宽度 3 mm。指针涂成黑色,针尖指向北方,并注"北"或"N"字。

10.风向频率玫瑰图

"风玫瑰"图也叫风向频率玫瑰图,它是根据某一地区多年平均统计的各个风向和风速的百分数值,并按一定比例绘制,一般多用八个或十六个罗盘方位表示,由于该图的形状形似玫瑰花朵,故名"风玫瑰"。玫瑰图上所表示风的吹向(即风的来向),是指从外面吹向地区中心的方向;是一种根据当地多年平均统计所得的各个方向吹风次数的百分数,并按一定比例绘制的图形。实线是全年风向频率,虚线是夏季风向频率。如图 1-5-10 所示。

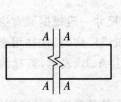

图 1-5-8　连接符

图 1-5-9　指北针

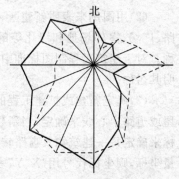

图 1-5-10　风向频率玫瑰图

5.2　首页图

首页图在工程中通常由两部分内容组成:一是图纸目录,二是对该工程所作的设计与施工说明。

一、图纸目录

首页图放在全套施工图的首页装订,其中图纸目录起到组织编排图纸的作用。图纸目录主要说明该套图纸有几类,各类图纸有几张,以及每张图纸的图号、图名、图幅大小;如采用标准图,应写出所用标准图的名称、所在的标准图集和图号或页次。编制图纸目录目的是为了便于查找图纸。从图纸目录可看到该工程是由哪些专业图纸组成以及每张图纸的图别编号和页数,以便于查询。

二、建筑设计总说明

首页图中的设计说明,可看到工程的性质、设计的根据和对施工提出的总要求。建筑设计总说明主要用来说明施工图的设计依据。有时,建筑设计总说明与结构设计总说明、施工总说明合并,称为整套施工图的首页,放在所有施工图的最前面。一般建筑设计中的说明包括:工程概况、设计依据、设计总则、设计标高、节能措施、工程做法等。

5.3　总平面图

一、总平面图的作用

建筑总平面图简称为总平面。建筑总平面图是假设在建设区的上空向下投影所得的水平投影图。总平面图主要表达拟建房屋的位置和朝向,与原有建筑物的关系,周围道路、绿化布置及地形地貌等内容。它可作为拟建房屋定位、施工放线、土方施工以及施工总平面布置的依据。

二、总平面图的内容

(1)图名、比例。总平面图因包括的地方范围较大,所以绘制时一般都用较小的比例,如1:2000、1:1000、1:500等。

(2)用图例来表明新建区、扩建区或改建区的总体布置,表明各建筑物及构筑物的位置、道路、广场、室外场地和绿化等的布置情况。在总平面图上一般应画上所采用的主要图例及名称。对于建筑工程制图标准中缺乏规定而需要自定的图例,必须在总平面图中绘制清楚,并注明其名称。

(3)确定新建或扩建工程的具体位置,用定位尺寸或坐标确定。定位尺寸一般根据原有房屋或道路中心线来确定;当新建成片的建筑物和构筑物或较大的公共建筑或厂房时,往往用坐标来确定每一建筑物及道路转折点等的位置。施工坐标的坐标代号宜用"A、B"表示,若标测量坐标,则坐标代号用"X、Y"表示。

(4)为了表达地面的起伏变化状态,平面图上绘有等高线,同时也注明各条等高线的高程。等高线指的是地形图上高程相等的各点所连成的闭合曲线。把地面上海拔高度相同的点连成的闭合曲线垂直投影到一个标准面上,并按比例缩小画在图纸上,就得到等高线。等高线也可以看做是不同海拔高度的水平面与实际地面的交线,所以等高线是闭合曲线。在等高线上标注的数字为该等高线的海拔高度。

(5)总平面图上标注的尺寸一律以"m"为单位,并且标注到小数点后两位。

(6)表明建筑物的层数。在平面图角上,画有几个小黑点即表示该建筑物的层数。对于高层建筑,可以用数字表示层数。

(7)注明新建房屋室内(底层)地面和室外整坪地面的标高。总平面图中标高的数值以"m"为单位,一般注到小数点后两位。图中所注数值,均为绝对标高。

(8)图纸标示风向频率玫瑰图或指北针,表示该地区的常年风向频率和建筑物、构筑物等的朝向。有的总平面图上只画指北针而不画风向频率玫瑰图。

三、总平面图识图方法

图1-5-11为某学校的总平面图。

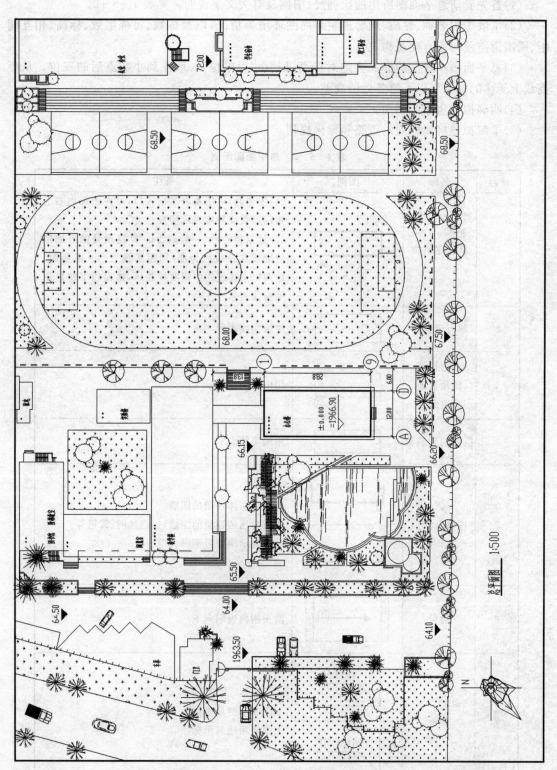

图 1 - 5 - 11 某学校的总平面图

（1）首先看清总平面图所用的比例尺、图例及有关文字说明。见表1-5-2。

（2）了解工程名称、性质、地形地貌和周围环境等情况，以及栋数、每栋层数、标高、相互间距、周围道路及与原有建筑物关系。

（3）总平面图中所注的标高为绝对标高，以"m"为单位，一般注到小数点后的三位。从等高线上所注的标高可以了解各处的高差。

（4）明确拟建房屋的朝向。

（5）了解拟建房屋四周的道路和绿化规划。

表1-5-2　总平面图图例

序号	名称	图例	备注
1	新建建筑物	 8 ▲	（1）需要时，可用▲表示出入口，可在图形内右上角用点数或数字表示层数 （2）建筑物外形（一般以±0.00高度处的外墙定位轴线或外墙线为准）用粗实线表示。需要时，地面以上建筑用中粗实线表示，地面以下建筑用细虚线表示
2	原有建筑物	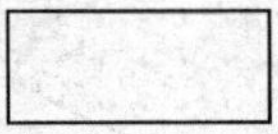	用细实线表示
3	计划扩建的预留地或建筑物		用中粗虚线表示
4	拆除的建筑物	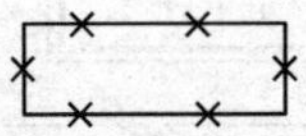	用细实线表示
5	围墙及大门	 	上图为实体性质的围墙 下图为通透性质的围墙，如铁丝网、篱笆等 若仅表示围墙时不画大门
6	台阶	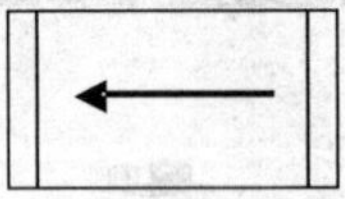 ←	箭头指向表示向下
7	坐标	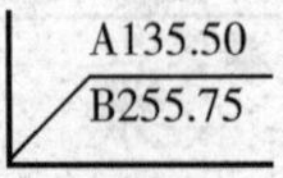  A135.50 B255.75 A135.50 B255.75	上图表示测量坐标 下图表示建筑坐标

序号	名称	图例	备注
8	填挖边坡		(1)边坡较长时,可以在一端或两端表示
9	护坡		(2)下边线表示虚线时,表示填方
10	挡土墙		被挡的土在突出的一侧
11	室内标高	151.000（±0.000）	—
12	室外标高	143.000	—

5.4 建筑平面图

一、平面图的形成和作用

用一个假想水平面,在窗台上沿剖开整个建筑,移去剖切面上方的房屋,将留下的部分向水平投影面作正投影所得到的图样,简称平面图。如图 1-5-12 所示。建筑平面图主要反映了整个房屋的平面形状、大小和房间的数量和平面布局,承重墙(或柱)与隔墙的位置、厚度、材料以及门窗数量、类型、位置和尺寸等。图内应包括剖切图和投影方向可见的建筑构造以及必要的尺寸、标高等。如需要表示高窗、洞口、通气孔、槽、地沟等不可见部分应用虚线。平面图宜与总平面图方向一致。平面图的长边宜与横式幅面图纸的长边一致。当同一页图纸上绘制多于一层的平面图时,则各层平面图宜按层数由低到高的顺序,从左到右或从下至上布置;对于平面较大的房屋,可分区绘制平面图,但每张平面图均绘制组合示意图,各区分别用大写拉丁字母编号。

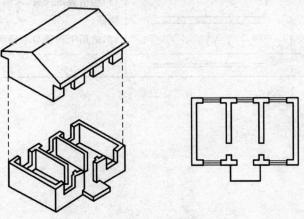

图 1-5-12 平面图

二、平面图的内容

(1)定位轴线。根据定位轴线了解各承重构件的平面定位与布置。

(2)墙、柱。墙、柱在平面图中总能剖切到,用粗实线画出其轮廓线,房间应注明其名称。

(3)门窗。门窗均按图例画出,并注明门窗编号。门用"M"表示,窗用"C"表示,也可用所选标准图集中门窗的代号来标注。同一类型的门窗用同一个编号。常用的门窗图例见表1-5-3。

(4)楼梯。楼梯包括楼梯的主入门、楼梯间的位置、梯段上下走向、休息平台位置等。

(5)其他构配件。包括阳台、雨篷、雨水管、入口台阶、散水、明沟等位置、形状,以及卫生间和厨房设备的布置。

(6)尺寸和标高。平面图中的外墙尺寸规定标注三道。最外面一道为总尺寸,标明房屋的总长度和总宽度;第二道为轴线之间的尺寸,一般为房间的开间或进深尺寸;最里面一道标出了外墙上门窗洞口定形和定位尺寸,此外,还需注出某些局部尺寸,如内墙上的门窗洞位置和宽度、楼梯的主要定位和定形尺寸、主要固定设施的形状和位置尺寸等。如果局部尺寸太密、重叠太多表示不清楚,可另用大比例的局部详图表示,而在建筑平面图中则不必详细注明该部分的细部尺寸。标高则注明各平面上各主要位置的相对标高值,从中可以看出房屋各处的高度变化。如房间、走廊、厨房、卫生间、阳台及楼梯平台等处的标高。

(7)剖切符号与索引符号、指北针等。

(8)线型。图中剖切到的墙和柱等用粗实线表示,柱通常将断面涂黑,未剖切到的可见轮廓线用中粗线表示,较小的建筑构配件、尺寸线等用细实线表示。

(9)图例。由于平面图所用的比例较小,许多建筑细部及门窗不能详细画出,因此须根据国家标准统一规定的图例来表示。表1-5-3举了建筑构造与配件的常用图例。

表1-5-3　建筑构造与配件的常用图例

序号	名称	图例	说明
1	墙体		应加注文字或填充图例表示墙体材料,在项目设计图纸说明中列材料图例表给予说明
2	隔断		(1)包括板条抹灰、木制、石膏板、金属材料等隔断 (2)适用于到顶与不到顶隔断
3	栏杆		—

续表 1-5-3

序号	名称	图例	说明
4	楼梯	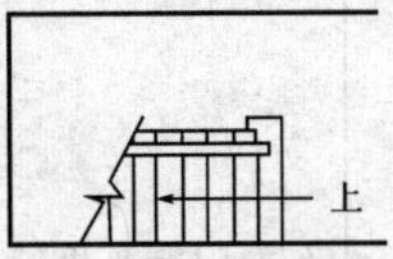上	(1)上图为底层楼梯平面,中图为中间层楼梯平面,下图为顶层楼梯平面 (2)楼梯及栏杆扶手的形式和梯段踏步数应按实际情况绘制
5		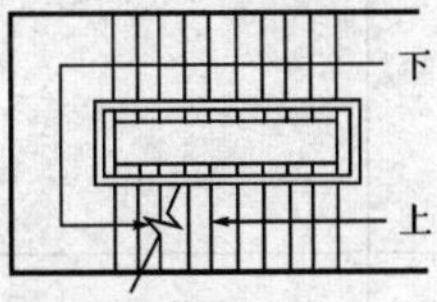下 上	
6		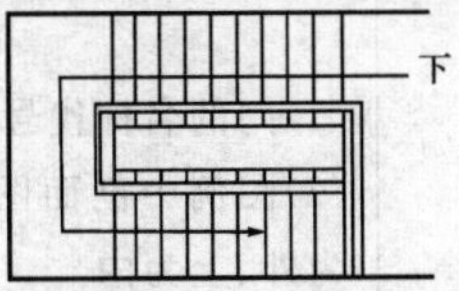下	
7	坡道	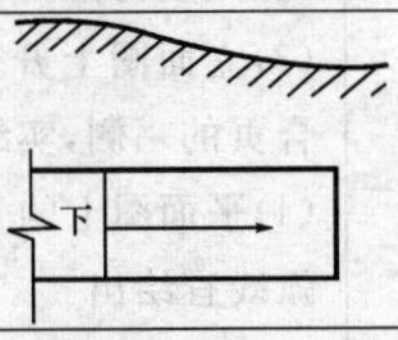下	上图为长坡道,下图为门口坡道
8		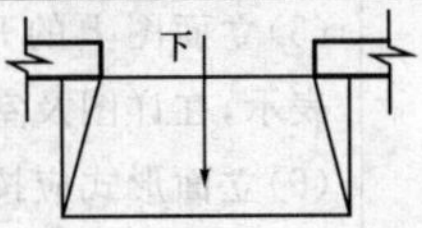下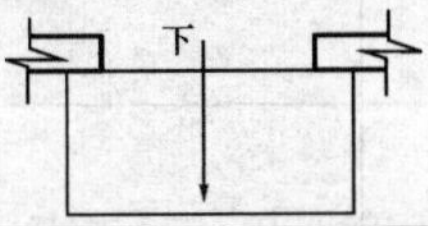下	
9	墙预留槽	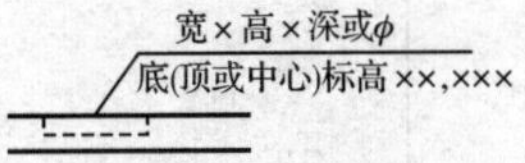宽×高×深或φ 底(顶或中心)标高××,×××	(1)以洞中心或洞边定位 (2)宜以涂色区别墙体和留洞位置
10	烟道	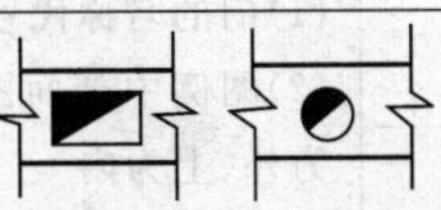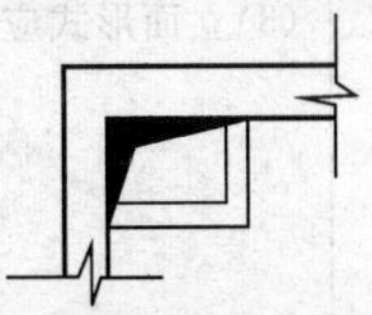	(1)阴影部分可以涂色代替 (2)烟道与墙体为同一材料,其相接处墙身线应断开
11	通风道	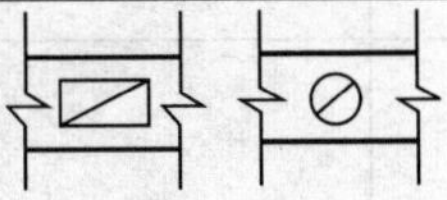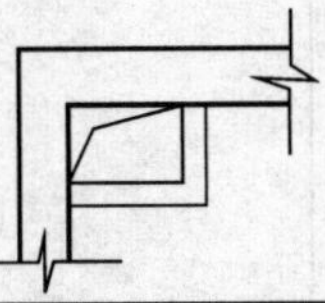	

序号	名称	图例	说明
12	空门洞	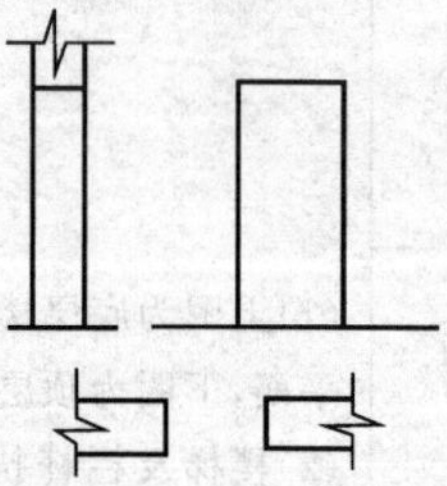	h 为门洞高度
13	单扇门(包括平开或单面弹簧)	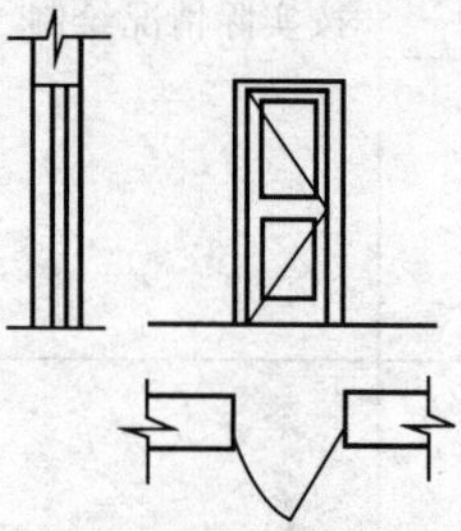	(1)门的名称代号用 M (2)图例中剖面图左为外、右为内,平面图下为外、上为内 (3)立面图上开启方向线交角的一侧为安装合页的一侧,实线为外开,虚线为内开 (4)平面图上的开启线应 90°或 45°开启,开启弧线宜绘出 (5)立面图上的开启线在一般设计图中可不表示,在详图及室内设计图上应表示 (6)立面形式应按实际情况绘制
14	双扇门(包括平开或单面弹簧)		
15	墙中双扇推拉门	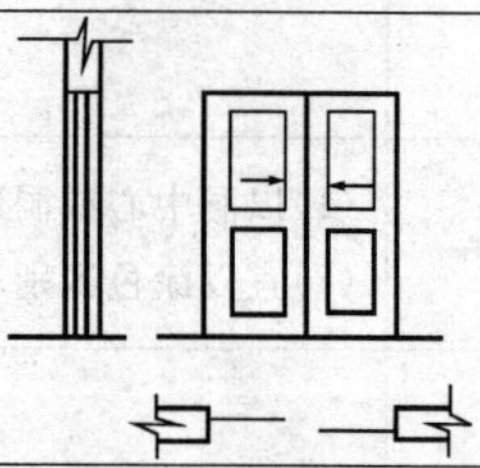	
16	墙外单扇推拉门	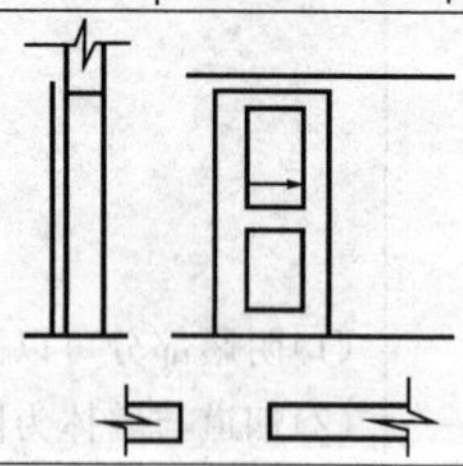	(1)门的名称代号用 M (2)图例中剖面图左为外、右为内,平面图下为外、上为内 (3)立面形式应按实际情况绘制
17	墙外双扇推拉门	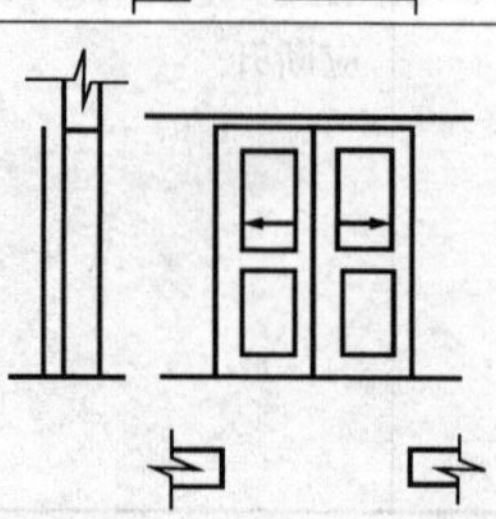	

续表 1－5－3

序号	名称	图例	说明
18	单扇双面弹簧门		
19	双扇双面弹簧门	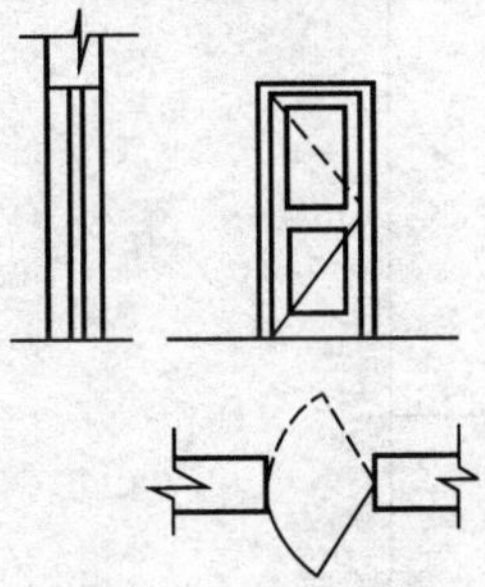	(1)门的名称代号用 M (2)图例中剖面图左为外、右为内,平面图下为外、上为内 (3)立面图上开启方向线交角的一侧为安装合页的一侧,实线为外开,虚线为内开 (4)平面图上的开启线在一般设计图上应表示 (5)立面形式应按实际情况绘制
20	单扇内外开双层门(包括平开或单面弹簧)		
21	转门	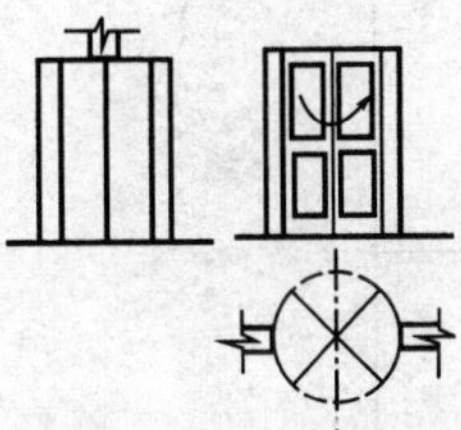	(1)门的名称代号用 M (2)图例中剖面图左为外、右为内,平面图下为外、上为内 (3)平面图上门线应 90°或 45°开启,开启弧线宜绘出 (4)立面图上的开启线在一般设计图中可不表示,在详图及室内设计图上应表示 (5)立面形式应按实际情况绘制

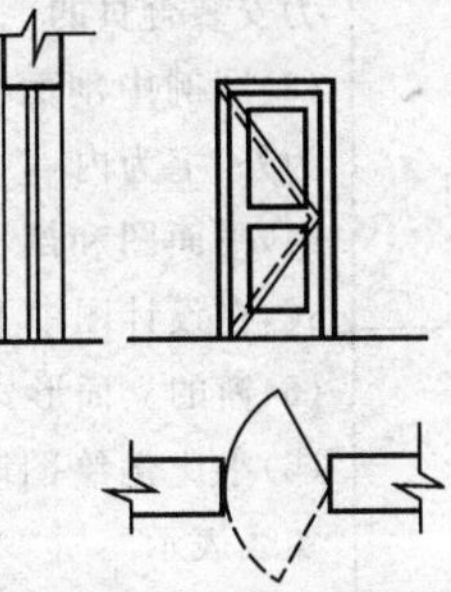

序号	名称	图例	说明
22	竖向卷帘门	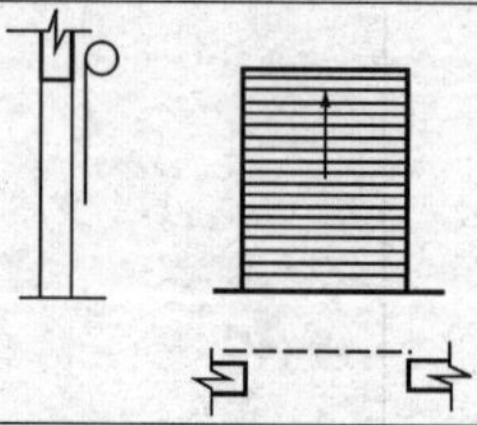	
23	单层固定窗	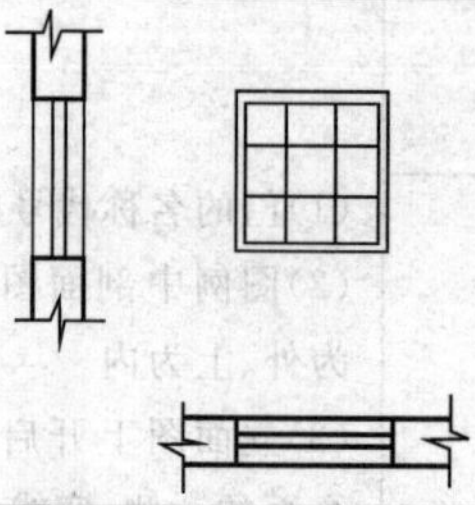	
24	单层外开平开窗	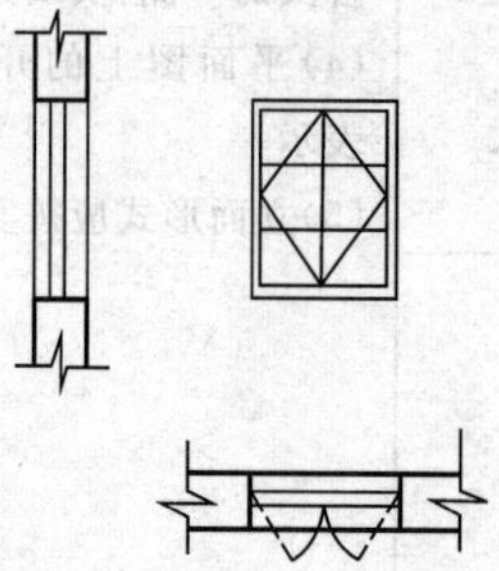	(1)窗的名称代号用 C 表示 (2)立面图中的斜线表示窗的开启方向,实线为外开,虚线为内开;开启方向线交角的一侧为安装合页的一侧,一般设计图中可不表示 (3)图例中剖面图左为外、右为内,平面图下为外、上为内 (4)平面图和剖面图上的虚线仅说明开关方式,在设计图中不需要表示 (5)窗的立面形式应按实际情况绘制 (6)小比例绘图时,平、剖面的窗线可用单粗实线表示
25	单层内开平开窗	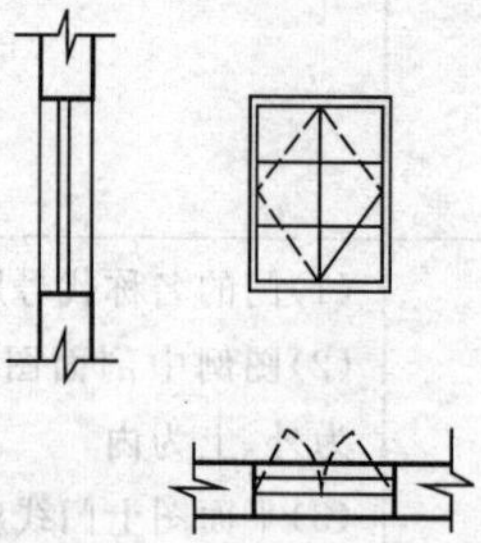	
26	双层内外开平开窗	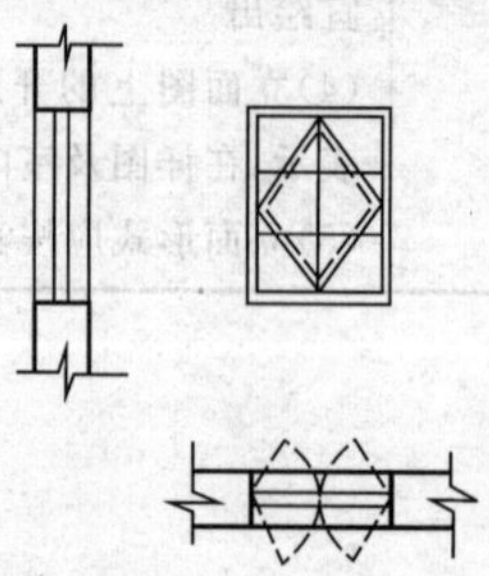	

序号	名称	图例	说明
27	推拉窗	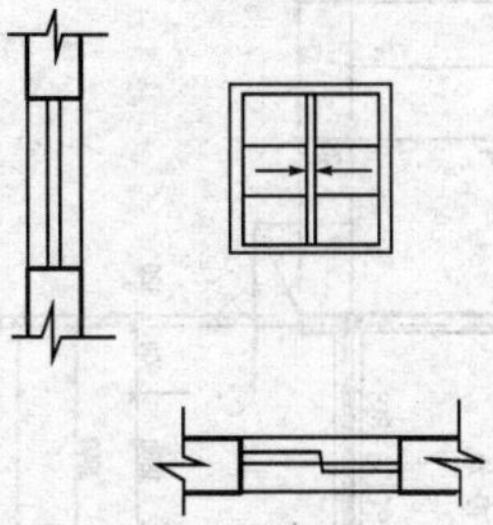	(1)窗的名称代号用C表示 (2)图例中剖面图左为外、右为内,平面图下为外、上为内 (3)窗的立面形式应按实际情况绘制 (4)小比例绘图时,平、剖面的窗线可用单粗实线表示
28	百叶窗	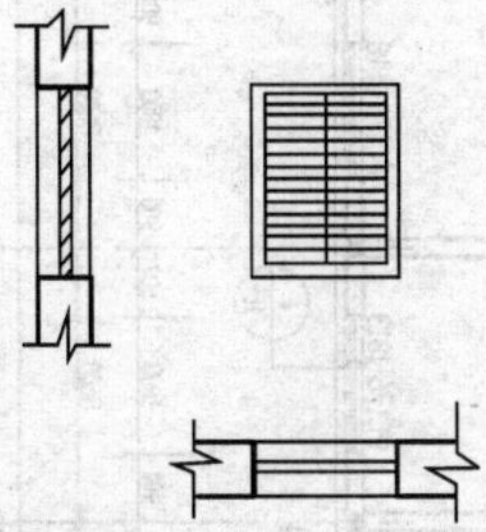	(1)窗的名称代号用C表示 (2)立面图中的斜线表示窗的开启方向,实线为外开,虚线为内开;开启方向线交角的一侧为安装合页的一侧,一般设计图中可不表示 (3)图例中剖面图左为外、右为内,平面图下为外、上为内 (4)平面图和剖面图上的虚线仅说明开关方式,在设计图中不需表示 (5)窗的立面形式应按实际情况绘制
29	高窗	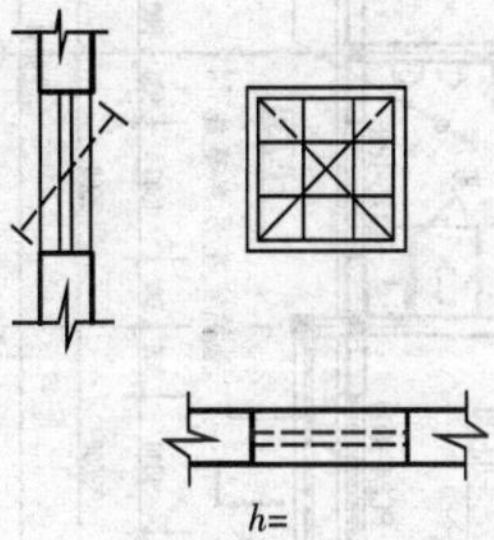	(1)窗的称代号用C表示 (2)立面图中的斜线表示窗的开启方向,实线为外开,虚为内开;开启方向线交角的一侧为安装合页的一侧,一般设计图中可不表示 (3)图例中剖面图左为外、右为内,平面图下为外、上为内 (4)平面图和部面图上的虚线仅说明开关方式,在设计图中不需表示 (5)窗的立面形式应按实际情况绘制 (6)h 为窗底距本层楼地面的高度

三、建筑平面图识读方法

图 1 - 5 - 13 为某建筑的底层平面图。

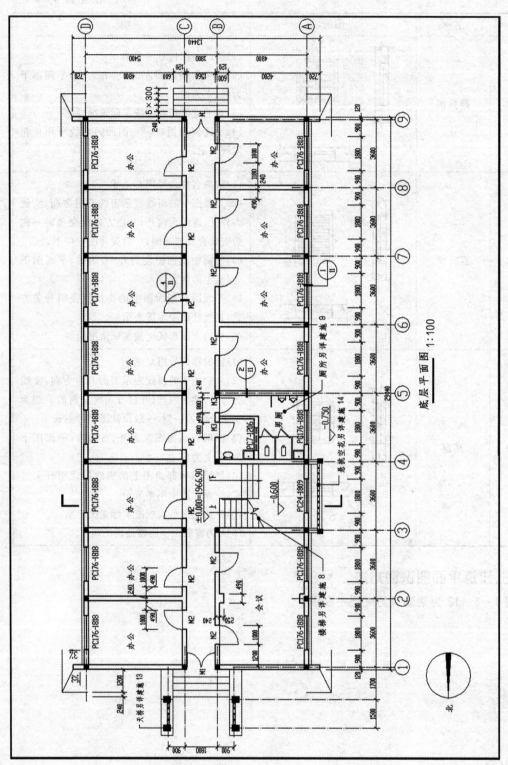

底层平面图 1:100

图 1-5-13 某建筑底层平面图

1. 首层平面图

首层平面图中明显位置标注指北针符号，用于指示房屋的朝向，指北针方向与总平面图一致；为防止雨水侵袭，除了台阶和花台下所有外墙墙角均设置有明沟或散水，绘制时只在墙角或外墙的局部，分段地画出明沟或散水的平面位置，并以中粗实线表示；入口处要设置外台阶以防止雨水倒灌；上了台阶就是外门，再通过楼梯、电梯到各个楼层要去的房间。若是住宅，要先进入分户平台和楼梯，电梯间上到要去的楼层和房间；首层平面图中应注明室内外地面、台阶顶面、楼梯休息平台等的标高；首层平面图上应绘制注有剖切位置与剖视方向的剖切符号和详图等索引符号。建筑平面图中，所有外墙一般应标注三道尺寸线，第一道为外墙皮到轴线，轴线到门、窗洞口，和门窗洞宽及其到轴线的起止尺寸直到另一端的外墙皮；第二道为房间的开间（各横向轴线之间的距离）或进深（各纵向轴线之间的距离）尺寸，也就是定位轴线尺寸；第三道为房屋的长或宽度的满外总尺寸，它应是第一道细部尺寸的总和。

2. 标准层平面图

通常情况下，房屋有多少层就应画出多少个平面图，当房屋的中间各层其平面布局完全相同时，则可以用一个"标准层"平面图来表达这些楼层的平面图。有时也可省略与首层相同的内部尺寸，但需加以说明。随着楼层的加高，承重墙或柱的截面尺寸变化标准层的楼梯平面图要反映楼层上下关系，在每个楼层的层高标高部位，有一梯段通向上一层，另一梯段通向下一层，中间用折断线剖段。在楼梯转折平台处应分别标注转折平台的标高。如在首层入口处有雨篷的应在二层平面图中表示。

3. 顶层平面图

顶层平面图的内容和布局一般没有多少变化，但其楼梯间部位有时会有所不同。当多层房屋到顶层为止时，其顶层平面图的楼梯踏步就终止到顶层地面，此时楼梯的扶手需要转向封住其向下的梯段，再把扶手垂直插入并适当嵌固于墙上，以此来保证楼梯末端空间的安全。当楼梯需要直通上人屋面以便于检修时，则楼梯间应高出屋面，另建一梯间小屋，梯段直达屋面板，并在梯间小屋出屋面处增设高出屋面面层 150 mm 以上的平台，以利于人员出入和防止雨水倒灌。

4. 屋顶平面图

屋顶平面图主要表明：屋顶形状、屋顶水箱、屋面排水方向（用单向箭头表示）和坡度、天沟、女儿墙和屋脊线、雨水管的位置，以及房屋的避雷针或避雷带的位置等。

5.5　建筑立面图

一、立面图的形成、名称和用途

在与建筑立面平行的铅直投影面上所作的正投影图称为建筑立面图，简称立面图。一幢建筑物是否美观，是否与周围环境协调，很大程度上取决于建筑物立面上的艺术处理，包括建筑造型与尺度、装饰材料的选用、色彩的选用等内容。在施工图中立面图主要反映房屋各部位的高度、外貌和装修要求，是建筑外装修的主要依据。

由于每幢建筑的立面至少有三个，所以每个立面都应有自己的名称。

立面图的命名方式有以下三种：

(1)用朝向命名。建筑物的某个立面面向哪个方向，就称为哪个方向的立面图，如建筑物的立面面向南面,该立面称为南立面图;面向北面,就称为北立面图等。

(2)依据外貌特征命名。将建筑物反映主要出入口或比较显著地反映外貌特征的那一面称为正立面图,其余立面图依次为背立面图、左立面图和右立面图。

(3)用建筑平面图中的首尾轴线命名。按照观察者面向建筑物从左到右的轴线顺序命名,如①~⑦立面图、⑦~①立面图等。

施工图中这三种命名方式都可使用,但每套施工图只能采用其中的一种方式命名,不论采用哪种命名方式,第一个立面图都应反映建筑物的外貌特征。

二、立面图的图示内容

(1)立面两端的轴线及编号。立面图中只注出两端的轴线,以明确其位置与图名及平面图的编号对应起来。

(2)外墙面的体形轮廓线及屋顶外形线。它通常为粗线。

(3)门窗的形状、位置与开启方向。门窗是立面图的主要内容之一,门窗的形式、分格、开启方式按照有关图例并根据实际情况绘制。同一门窗,开启方式只画其中一处。

(4)外墙上的其他构筑物。按照投影原理立面图反映建筑物室外地面线以上能够看得见的细部,包括勒脚、台阶、花坛、雨篷、阳台、檐口、屋顶和外墙面的壁柱花饰等。

(5)标高及竖向的高度尺寸主要以标高的形式标注,一般需要标注的位置有:室内外地面、台阶、门窗洞的上下沿、雨篷、檐口等。除了标高、竖向尺寸可不注写,如需注写时,一般可按下列方式标注:最外一道为建筑物的总高度,第二道注楼层间的高度,第三道注门窗的高度,有时还可补充局部尺寸。

(6)标注详图索引符号和有关的文字说明。立面图中一般用文字注明外立面装饰的材料和做法。

(7)线型。建筑立面的外轮廓用粗实线表示,立面上凹进或凸出墙面的轮廓线用中实线表示,较小的建筑构配件及装饰线用细实线表示,地坪线用加粗线表示。

三、建筑立面图识读方法

图 1-5-14 为某建筑的立面图。

(1)从正立面图上了解该建筑的外貌形状,并与平面图对照深入了解屋面、名称、雨篷、台阶等细部形状及位置。

(2)从立面图上了解建筑的高度。从图 1-5-14 中看到,在立面图的左侧和右侧都注有标高。

(3)了解建筑物的装修做法。

(4)了解立面图上的索引符号的意义。

(5)了解其他立面图。

(6)建立建筑物的整体形状。识读所有的平面图和立面图,建立该住宅楼的整体形状,包括形状、高度、装修的颜色、质地等。

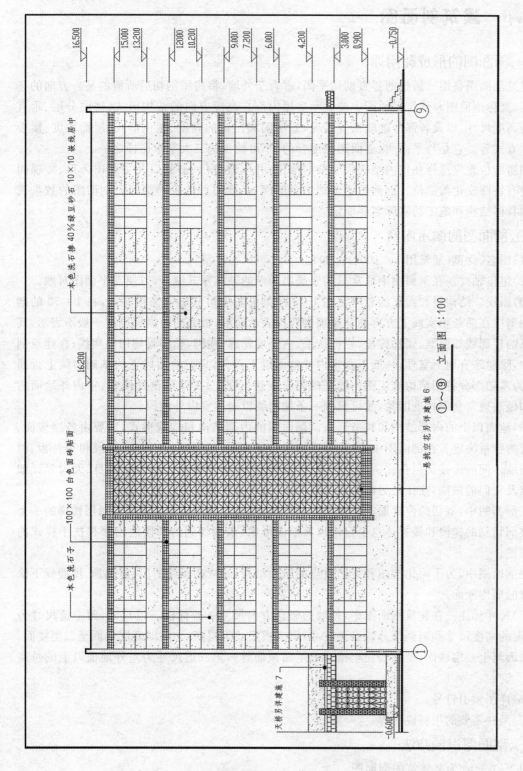

图 1－5－14　某建筑立面图

5.6 建筑剖面图

一、剖面图的形成和用途

建筑剖面图是用一假想的竖直剖切平图,垂直于外墙,将房屋剖切后所得的某一方向的正投影图,简称剖面图。建筑剖面图主要表示房屋内部在高度方向的结构形式、楼层分层、垂直方向的高度尺寸,以及各部分的联系等情况,如房间和门窗的高度、屋顶形式、屋面坡度、楼板的搁置方式等。它是与平面图、立面图相配合的、不可缺少的三大基本图样之一。

剖切的位置应选择在室内结构较复杂的部位,并应通过门、窗洞口及主要出入口、楼梯间或高度有特殊变化的部位。剖面图通常选用全剖面,必要时可选阶梯剖面。剖面图的数量视房屋的具体结构和施工的实际需要而定。

二、剖面图的图示内容

(1)图名、比例(通常用 1∶100、1∶50)。

(2)定位轴线。在剖面图中通常只需要画出两端的轴线及其编号,以便与平面图对照。

(3)图线。结构层和面层的总厚度在 1∶100 剖面图中可只画两条粗实线,在 1∶50 的剖面图中则应在两条粗实线上方再画一条细实线以表示面层;板底的粉刷层厚度一般不表示,其他可见的轮廓线如窗洞、楼梯梯段、栏杆扶手、内外墙轮廓、踢脚、勒脚等均用粗实线;在建筑剖面图中,除建筑有地下室外,一般不画室内外地面以下部分,只把地面以下的基础墙画上折断线,因为基础部分将用结构施工图中的基础图来表达。在 1∶100 的剖面图中,室内外地面的层次和做法通常套用标准图集,故可只画一条加粗线以表达室内外地面。

(4)地面以上的内部结构和构造形式。剖面图的内部结构和构造形式,主要由各层楼面、屋面板的数量决定。在剖面图中,主要要表达清楚楼面层、屋顶层、各种梁、梯段和平台板、雨篷等与墙体间的连接。但在比例为 1∶100 的剖面图中,对于楼板、屋面板、墙身、天沟等详细构造以及它们的做法,往往是另画剖面节点详图,或表明所套用的标准图集。

在剖面图中,剖切的位置通常在楼梯间的位置,所以它的剖切平面是通过每层楼梯的一个梯段被剖切到的梯段和楼梯休息平台绘出其断面形状,未剖切到的梯段绘出楼梯扶手样式的投影视图。

在剖面图中,为了简化绘图和突出重点的断面结构,通常在墙身的门、窗洞顶、屋面板下涂黑梁柱的矩形断面。

(5)尺寸标注。在建筑剖面图中,外墙的竖直方向尺寸一般标注三道尺寸,第一道尺寸为门、窗洞的高度尺寸和剖到部分的必要尺寸,第二道尺寸为层高尺寸(即底层地面至二层楼面、各层楼面至上一层楼面、楼顶楼面至檐口处屋面顶面等),第三道尺寸为室外地面以上的总高尺寸。

(6)详图索引符号。

(7)某些需要的用料说明等。

三、剖面图识读方法

图 1-5-15 为某建筑的剖面图。

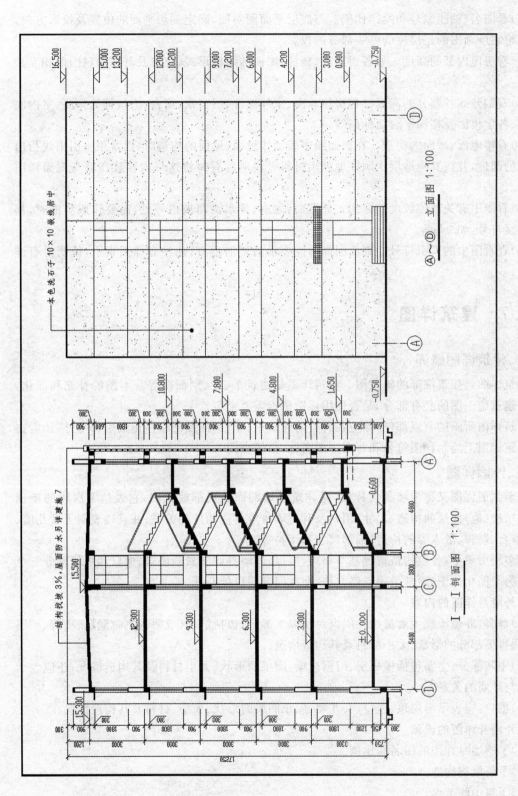

图 1-5-15 某建筑剖面图

(1)看图名、轴线编号和绘图比例。与底层平面图对照,确定剖切平面的位置及投影方向,从中了解它所画出的是房屋的哪一部分的投影。

(2)看房屋内部的高度。如各层梁板、楼梯、屋面的结构形式、位置及其与墙(柱)的相互关系等。

(3)看剖开的各部分的高度。如房屋总高、室外地坪、门窗顶、窗台、檐口等处标高,室内底层地面、各层楼面及楼梯平台面标高等。

(4)看楼地面、屋面的构造。在剖面图中表示楼地面、屋面的构造时,通常用一引出线指出需说明的部位,并按其构造层次顺序地列出材料等说明。有时将这一内容放在墙身剖面详图中表示。

(5)看图中有关部位坡度的标注。如屋面、散水、排水沟与坡道等处,需要作成斜面时,都标有坡度符号,如2%等。

(6)查看图中的索引符号。剖面图尚不能表示清楚的地方,还注有详图索引,说明另有详图表示。

5.7 建筑详图

一、建筑详图概述

建筑详图是建筑细部的施工图。建筑详图是建筑平、立、剖面图等基本图的补充和深化,它不是建筑施工图的必有部分,是否使用详图根据需要来定。

建筑详图所画的节点部位,除应在有关的建筑平、立、剖面图中绘注出索引符号外,还需在所画建筑详图上绘制详图符号和写明详图名称,以便查阅。

二、外墙详图

外墙剖面详图又称为墙身大样图,是建筑外墙剖面的局部放大图,它表达了房屋的屋顶层、檐口、楼(地)面层的构造、尺寸、用料及其与墙身等其他构件的关系;并且还表明了女儿墙、窗顶、窗台、勒脚、散水等的构造、细部尺寸和用料等。

在多层房屋中,各层构造情况基本相同,所以,外墙身详图只画墙脚、檐口和中间部分三个节点。为了简化作图,通常采用省略方法,即在门窗洞口处断开。

1.外墙身详图的内容

(1)墙脚:外墙墙脚主要是指一层窗台及以下部分,包括散水(或明沟)、防潮层、勒脚、一层地面、踢脚等部分的形状、大小材料及其构造情况。

(2)中间部分:主要包括楼板层、门窗过梁、圈梁的形状、大小材料及其构造情况,还应表示出楼板与外墙的关系。

(3)檐口:应表示出屋顶、檐口、女儿墙、屋顶圈梁的形状、大小、材料及其构造情况。

2.外墙身详图的识读

(1)了解墙身详图的图名和比例。

(2)了解墙脚构造。

(3)了解中间节点。

(4)了解檐口部位。

三、楼梯详图

在建筑平面图中包含了楼梯部分的投影,但因为楼梯踏步、栏杆、扶手等各细部的尺寸相对较小,图线十分密集,不易表达和标注,所以在绘制建筑施工图时,常常将其放大绘制成楼梯详图。

楼梯主要由楼梯段、休息平台和栏杆扶手三部分组成。

楼梯详图主要表示楼梯的类型、结构形式以及梯段、栏杆扶手、防滑条等的详细构造方式、尺寸和用料。

1. 楼梯平面图

楼梯平面图是楼梯某位置上的一个水平剖面图,如图1-5-16所示。它的剖切位置与建筑平面图的剖切位置相同。楼梯平面图主要反映楼梯的外观、结构形式、楼梯中的平面尺寸及楼层和休息平台的标高等。图1-5-16中四个平面图画法的相同之处和不同之处如下:

(1)相同之处。

①当楼梯梯段被剖切面截断时,按规定在平面图中以一条与梯级踢面倾斜45°的折断线表示梯段被截断。

②在梯段处画出一个长箭头,并注明"上"或"下"。

③都要标明该楼梯间的轴线、尺寸、楼地面的标高及各细部的尺寸。

(2)不同之处。

①底层平面图的楼梯梯级虽然有"上"、"下",但其折断线的另一侧是楼梯底的空间,所以不用绘制这部分楼梯段。

②中间层(例如第三层)平面图既表现了从第三层楼面往上走到第四层的梯段,也表示了从第四层楼面往下走到第三层的梯段。

③五层平面图表现的只有往下走的梯段,这些梯段没有被剖切平面截断,在梯段处没有折断线。

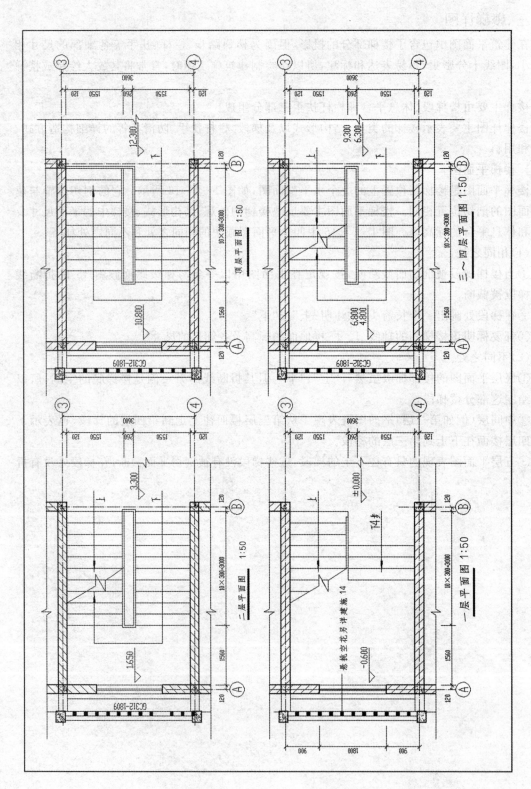

图 1 - 5 - 16 楼梯平面图

2.楼梯剖面图

楼梯剖面图是楼梯垂直剖面图的简称,其剖切位置应通过各层的一个梯段和门窗洞口,向另一未剖到的梯段方向投影所得到的剖面图。见图 1-5-17。

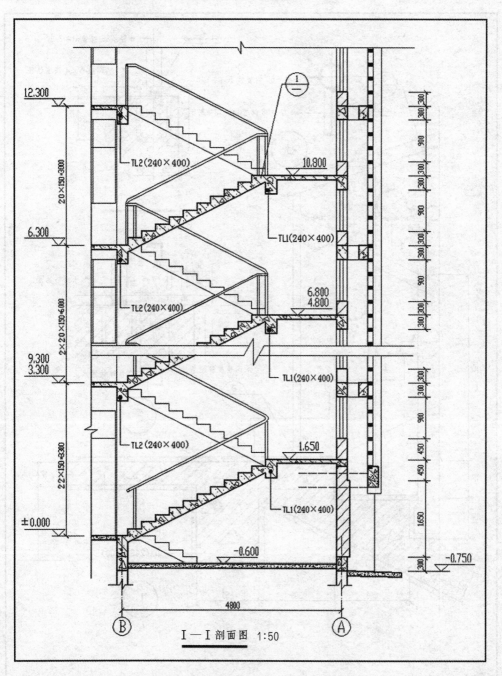

图 1-5-17 楼梯剖面图

3.楼梯节点详图

楼梯节点详图一般包括踏步、扶手、栏杆详图和梯段与平台处的节点构造详图。见图 1－5－18。

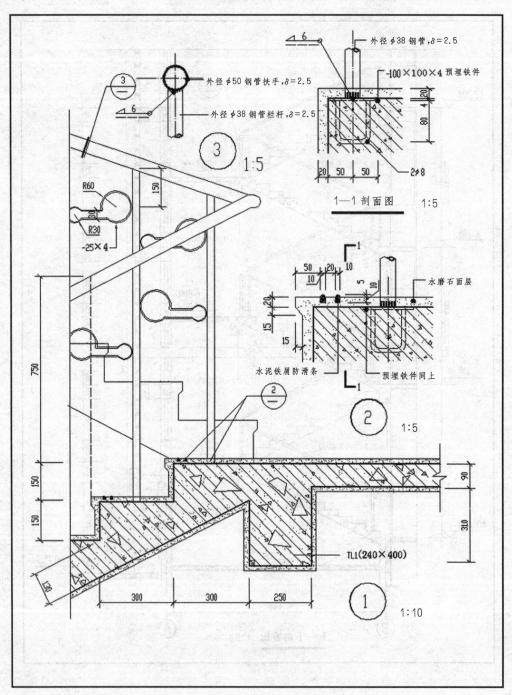

图 1－5－18　楼梯节点详图

📖 本章小结

本章对建筑施工图作了全面的讲述,包括建筑施工图的组成,各图样的形成原理和用途,所包含的图示内容等。建筑施工图大体包括以下部分:图纸目录、门窗表、建筑设计总说明、一层至屋顶的平面图、正立面图、背立面图、东立面图、西立面图、剖面图(视情况,有多个)、节点大样图及门窗大样图、楼梯大样图(视功能可能有多个楼梯及电梯)。本章内容比较繁杂,不需记忆条文,重点是在识图过程中的应用。

复习思考题

1. 施工图按专业划分都包括哪些图纸?

2. 建筑施工图包括哪些图纸?

3. 建筑总平面图的图示内容有哪些?

4. 建筑平面图的形成原理是什么?

5. 建筑立面图的命名方式有几种?

6. 建筑剖面图和建筑平面图的关系是什么? 如何识读?

7. 建筑详图包括哪些图纸?

学习情境二

建筑构造

绪　论

学习目标

通过绪论的学习,掌握民用建筑由基础、墙或柱、楼地层、楼梯、屋顶、门窗等几个构造部分组成,根据建筑物的使用功能、规模、重要程度等将它们分门别类地划分等级;了解常见的民用建筑结构的类型和钢筋混凝土的基本知识。

引例

我们生活中见到的建筑造型各异,千姿百态,其实不同的建筑他们的构造组成是大同小异的,比如一座住宅楼和一座剧院都由六大构造构成,下面我们就学习民用建筑基本知识。

0.1　民用建筑的组成

民用建筑是供人们居住、生活和从事各类公共活动的建筑。

一、民用建筑的构造组成及其要求

房屋建筑是由若干个大小不等的室内空间组合而成的,而空间的形成又需要各种各样实体来组合,这些实体称为建筑构配件。一般民用建筑由基础、墙或柱、楼地层、楼梯、屋顶、门窗等主要构配件组成。各主要组成部分的作用及构造要求具体如下:

1. 基础

基础是建筑物最下面埋在土层中的部分,它承受建筑物的全部荷载,并把荷载传给下面的土层——地基。

基础应该坚固、稳定、耐水、耐腐蚀、耐冰凉,不应早于地面以上部分先破坏。

2. 墙或柱

墙是建筑物的垂直承重构件。它承受屋顶和楼地层传给它的荷载,并把这些荷载连同自重传给基础;同时,外墙也是建筑物的围护构件,抵御风、雨、雪、温差变化等对室内的影响,内墙是建筑物的分隔构件,把建筑物的内部空间分隔成若干相对独立的空间,避免使用时的互相干扰。

当建筑物采用柱作为垂直承重构件时,墙填充在柱间,仅起围护和分隔作用。墙和柱应坚固、稳定,墙还应重量轻、保温(隔热)、隔声和防水。

3.楼地层

楼层指楼板层,它是建筑物的水平承重构件,将其上所有荷载连同自重传给墙或柱;同时,楼层把建筑空间在垂直方向划分为若干层,并对墙或柱起水平支撑作用。地层指底层地面,承受其上荷载并传给地基。

楼地层应坚固、稳定。地层还应具有防潮、防水等功能。

4.楼梯

楼梯是楼房建筑中联系上下各层的垂直交通设施,楼梯应坚固、安全、有足够的疏散能力。

5.屋顶

屋顶是建筑物顶部的承重和围护部分,它承受作用在其上的风、雨、雪、人等的荷载及作用并传给墙或柱,抵御各种自然因素(风、雨、雪、严寒、酷热等)的影响;同时,屋顶形式对建筑物的整体形象起着很重要的作用。

屋顶应有足够的强度和刚度,能防水、排水。

6.门窗

门的主要作用是供人们进出和搬运家具、设备,紧急时疏散用,有时兼起采光、通风的作用。窗的作用主要是采光、通风和供人眺望室外。

门要求有足够的宽度和高度,窗应有足够的面积;据门窗所处的位置不同,有时还要求它们能防风沙、防水、保温、隔声。

建筑物除上述基本组成部分外,还有一些其他的配件和设施,如阳台、雨篷、烟道、通风道、散水、勒脚等。

二、影响建筑构造的因素

建筑物建成后,要受到各种自然因素和人为因素的作用,在确定建筑构造时,必须充分考虑各种因素的影响,采取必要措施,以提高建筑物的抵御能力,保证建筑物的使用质量和耐久年限。

影响建筑构造的因素有以下三个方面:

1.荷载的作用

作用在房屋上的力统称为荷载,荷载的大小和作用方式均影响着建筑构件的选材、截面形状与尺寸,这都是建筑构造的内容。所以在确定建筑构造时,必须考虑荷载的作用。

2.人为因素的作用

人在生产、生活活动中产生的机械振动、化学腐蚀、爆炸、火灾、噪声等人为因素都会对建筑物构成威胁。在进行构造设计时,必须在建筑物的相关部位,采取防震、防腐、防火、隔声等构造措施,以保证建筑物的正常使用。

3.自然因素的影响

我国地域辽阔,各地区之间的气候、地质、水文等情况差别较大,太阳辐射、冰冻、降雨、风雪、地下水、地震等因素将对建筑物带来很大影响,为保证正常使用,在建筑构造设计中,必须在各相关部位采取防水、防潮、保温、隔热、防震、防冻等措施。

0.2　民用建筑的分类与等级

在建筑设计中,根据建筑物的使用功能、规模、重要程度等常常将它们分门别类地划分等级,以便人们把握其标准和相应要求。

一、民用建筑的分类

1. 按功能划分

(1)居住建筑:主要是指供家庭和集体生活起居用的建筑物,如:住宅、宿舍、公寓等。

(2)公共建筑:主要是指供人们进行各种社会活动的建筑物,如:行政办公建筑、文教建筑、科研建筑、托幼建筑、医疗建筑、商业建筑、生活服务建筑、旅游建筑、体育建筑、展览建筑、交通建筑、通讯建筑、娱乐建筑、园林建筑、纪念建筑等。

2. 按层数划分

(1)低层建筑:主要指 1~3 层的住宅建筑。

(2)多层建筑:主要指 4~6 层的住宅建筑。

(3)中高层建筑:主要指 7~9 层的住宅建筑。

(4)高层建筑:指 10 层以上的住宅建筑和总高度大于 24m 的公共建筑及综合性建筑(不包括高度超过 24m 的单层主体建筑)。

(5)超高层建筑:高度超过 100m 的住宅或公共建筑均为超高层建筑。

3. 按规模和数量划分

(1)大量性建筑:指建造量较多、规模不大的民用建筑,如居住建筑和为居民服务的中小型公共建筑(如中小学校、托儿所、幼儿园、商店、诊疗所等)。

(2)大型性建筑:指建造量较少但体量较大的公共建筑,如大型体育馆、火车站、航空港等。

二、民用建筑的等级

(一)按耐久年限划分

根据建筑物的主体结构,考虑建筑物的重要性和规模大小,建筑物按耐久年限分为四级。

(1)一级:耐久年限为 100 年以上,适用于重要建筑和高层建筑。

(2)二级:耐久年限为 50~100 年,适用于一般性建筑。

(3)三级:耐久年限为 25~50 年,适用于次要建筑。

(4)四级:耐久年限在 15 年以下,适用于临时性建筑。

(二)按耐火等级划分

建筑物的耐火等级是根据建筑物主要构件的燃烧性能和耐火极限确定的各级建筑物所用构件的燃烧性能和耐火极限。

1. 燃烧性能

燃烧性能是指建筑构件在明火或高温作用下是否燃烧,以及燃烧的难易程度。建筑构件按燃烧性能可分为非燃烧体、难燃烧体和燃烧体。

(1)非燃烧体:指用非燃烧材料制成的构件。如砖、石、钢筋混凝土、金属等。这类材料在空气中受到火烧或高温作用时不起火、不微燃、不碳化。

（2）难燃烧体：指用难燃烧材料制成的构件，如沥青混凝土、板条抹灰、水泥刨花板、经防火处理的木材等。这类材料在空气中受到火烧或高温作用时难燃烧、难碳化，离开火源后，燃烧或微燃立即停止。

（3）燃烧体：指用燃烧材料制成的构件，如木材、胶合板等。这类材料在空气中受到火烧或高温作用时，立即起火或燃烧，且离开火源继续燃烧或微燃的材料。

2. 耐火极限

对任一建筑构件按时间—温度标准曲线进行耐火试验，从构件受到火的作用时起，到构件失去支持能力或完整性被破坏，或失去隔火作用时为止的这段时间，就是该构件的耐火极限，用小时表示。

0.3 民用建筑的结构类型和钢筋混凝土的基本知识

一、民用建筑的结构类型

在房屋建筑中，梁、板、柱、屋架、承重墙、基础等组成了房屋的骨架，称为建筑的结构。民用建筑的结构类型有如下两种分类方法：

1. 按主要承重结构的材料划分

（1）土木结构：是以生土墙和木屋架作为建筑物的主要承重结构，这类建筑可就地取材，造价低，适用于村镇建筑。

（2）砖木结构：是以砖墙或砖柱、木屋架作为建筑物的主要承重结构，这类建筑称砖木结构建筑。

（3）砖混结构：是以砖墙或砖柱、钢筋混凝土楼板、屋面板作为承重结构的建筑，这是当前建造数量最大、被普遍采用的结构类型。

（4）钢筋说凝土结构：建筑物的主要承重构件全部采用钢筋棍凝土制作，这种结构主要用于大型公共建筑和高层建筑。

（5）钢结构：建筑物的主要承重构件全部采用钢材来制作。钢结构建筑与钢筋混凝土建筑相比自重轻，但耗钢量大，目前主要用于大型公共建筑。

2. 按建筑结构的承重方式划分

（1）墙承重结构：用墙承受楼板及屋顶传来的全部荷载的，称为墙承重结构。土木结构、砖木结构、砖混结构的建筑大多属于这一类。

（2）框架结构：用柱、梁组成的框架承受楼板、屋顶传来的全部荷载的，称为框架结构。框架结构建筑中，一般采用钢筋混凝土结构或钢结构组成框架，墙只起围护和分隔作用。框架结构用于大跨度建筑、荷载大的建筑及高层建筑。

（3）内框架结构：建筑物的内部用梁柱组成的框架承重，四周用外墙承重时，称为内框架结构建筑。内框架结构常用于内部需较大通透空间但可设柱的建筑，如底层为商店的多层住宅等。

（4）空间结构：用空间构架如网架、薄壳、悬索等来承重全部荷载的，称空间结构建筑。这种类型建筑适用于需要大跨度、大空间而内部又不允许设柱的大型公共建筑，如体育馆、天文馆等。

二、钢筋混凝土的基本知识

1.钢筋和混凝土的共同工作

混凝土是由水泥、石子、砂和水按一定比例拌和后,架设模板浇捣成型,在适当的温度、湿度条件下经过一定时间硬化而成的人造石材,它克服了天然石材加工成型的困难,且具有与天然石材相似的特点,并有很高的抗压强度,但抗拉强度却很小。

钢筋则有很强的抗拉和抗压强度,为了充分发挥材料的力学性能。在梁的受拉区配置适量的钢筋,把混凝土和钢筋这两种材料结合在一起共同工作,使混凝土主要承受压力,钢筋主要承受拉力,这种配有钢筋的强凝土称为钢筋混凝土。

钢筋和混凝土这两种性质不同的材料,之所以能有效地结合在一起所以同工作,主要原因如下:

(1)由于混凝土硬化后,钢筋与混凝土之间产生了良好的黏结力和机械咬合力。若采用表面有月牙纹等的变形钢筋,可以进一步增强与混凝土的黏结和机械咬合作用,保证在荷载作用下共同工作。

(2)钢筋和温凝土两种材料的温度线膨胀系数颇为接近,当温度变化时有较大的温度应力而破坏两者间的黏结。

(3)由于钢筋被泥凝土所包裹,不宜被锈蚀,增强了结构的耐久性。

2.钢筋混凝土构件的类型和特点

(1)按施工方法划分。钢筋混凝土构件按施工方法分,有现浇钢筋混凝土构件和预制装配式钢筋混凝土构件两种。

①现挠钢筋混凝土构件:是在施工现场架设模板、绑扎钢筋、浇灌混凝土,经过养护达到一定强度后,拆除模板而成的构件。这种构件的整体性强、抗震性好,能适应各种建筑构件形状的变化,但模板用量大,施工工序多,劳动强度大,工期长,且受季节影响较大。

②预制装配式钢筋混凝土构件:是先把钢筋混凝土构件在预制厂或施工现场预制好,然后安装到建筑物中去的构件。这种构件与现浇构件相比,劳动强度低,节省模板,现场湿作业量少,施工进度快,便于组织工厂化、机械化生产,为进一步提高施工质量和文明施工创造了条件。

(2)按受力特点划分。钢筋混凝土构件按受力特点,分为普通钢筋混凝土构件和预应力钢筋混凝土构件两种。

①普通钢筋混凝土构件:由于普通钢筋混凝土构件中,受拉区钢筋下有混凝土保护层,而混凝土的抗拉强度低,容易在构件受拉区出现裂缝。裂缝的开展将使钢筋暴露在外,在大气作用下锈蚀,断面减少,从而降低构件的承载能力,这是普通钢筋混凝土构件的主要缺点。

②预应力钢筋混凝土构件:为了克服普通钢筋温凝土构件的缺点,在构件受力前先预加压力,使构件在工作时产生的拉应力被预加的压力抵消一部分,推迟裂缝的出现,这就是预应力钢筋混凝土构件。预应力钢筋混凝土构件的优点是:构件的刚度大、抗裂能力强,可以充分发挥高强材料的力学性能,节约钢材和水泥,减轻构件自重。

预应力钢筋混凝土构件的预加压力是通过张拉钢筋实现的,张拉钢筋的方法分先张法和后张法两种。先张法是先张拉钢筋,后浇灌混凝土,待混凝土达到一定强度时放松钢筋,钢筋收缩使混凝上产生预加压力。先张法一般只用于成批生产的小型构件中,如空心板、屋面板等。后张法则是先浇筑混凝土,在构件中预留放置钢筋的孔道,待混凝土达到一定的强度后,把钢筋从孔道中穿入,张拉钢筋并将钢筋两端锚固在构件上,孔道中灌浆,钢筋收缩使构件产生压应力。后张法一般适用于现场制作的大型构件。

📖 本章小结

民用建筑是供人们居住、生活和从事各类公共活动的建筑。一般民用建筑由基础、墙或柱、楼地层、楼梯、屋顶、门窗等主要构配件组成。建筑物除上述基本组成部分外,还有一些其他的配件和设施,如:阳台、雨篷、烟道、通风道、散水、勒脚等。建筑物建成后,要受到各种自然因素和人为因素的作用,在确定建筑构造时,必须充分考虑各种因素的影响,采取必要措施,以提高建筑物的抵御能力,保证建筑物的使用质量和耐久年限。

在建筑设计中,根据建筑物的使用功能、规模、重要程度等常常将它们分门别类、划分等级,以便人们把握其标准和相应要求。

在房屋建筑中,梁、板、柱、屋架、承重墙、基础等组成了房屋的骨架,称为建筑的结构。在梁的受拉区配置适量的钢筋,把混凝土和钢筋这两种材料结合在一起共同工作,使混凝土主要承受压力,钢筋主要承受拉力,这种配有钢筋的强凝土称钢筋混凝土。

❓ 复习思考题

1. 民用建筑的主要组成部分有哪些? 各部分有哪些作用?
2. 影响建筑构造的因素有哪些?
3. 民用建筑如何分类? 等级如何划分?
4. 民用建筑的结构类型有哪些?
5. 钢筋混凝土的类型和特点有些?

任务 1 　基础

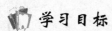**学习目标**

通过学习基础和地下室的基本知识,掌握地基和基础的区别以及它们的作用和设计要求;掌握基础埋置深度的概念及影响因素;掌握基础的分类及基础构造;了解地下室的组成,掌握地下室防潮与防水要求和构造。

引例

某建筑工程位于湿陷性黄土地区,为高层住宅,地上 28 层,地下一层为人防地下室兼库房,总建筑面积 27765.8 m²,基础为筏板基础。那么,什么是基础和地下室,为什么选筏板基础,基础还有哪些类型,它们有什么构造要求等,下面对这些问题进行讲解。

1.1 　基础认知

一、基础和地基的基本概念

在建筑工程中,建筑物与土层直接接触的部分称为基础,支承建筑物重量的土层称为地基。基础是建筑物的组成部分,它承受着建筑物的全部荷载,并将其传给地基。而地基则不是建筑物的组成部分,它只是承受建筑物荷载的土壤层。其中,具有一定的地耐力,直接支承基础,持有一定承载能力的土层称为持力层;持力层以下的土层称为下卧层。地基土层在荷载作用下产生的变形,随着土层深度的增加而减少,到了一定深度则可忽略不计(如图 2-1-1 所示)。

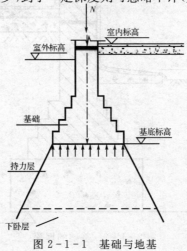

图 2-1-1　基础与地基

二、基础的作用和地基的分类

基础是建筑物的主要承重构件,处在建筑物地面以下,属于隐蔽工程。基础质量的好坏,关系着建筑物的安全问题。因此,建筑设计中合理地选择基础极为重要。

地基按土层性质不同,分为天然地基和人工地基两大类。凡天然土层具有足够的承载能力,不须经人工改良或加固,可直接在上面建造房屋的称为天然地基。当建筑物上部的荷载较大或地基土层的承载能力较弱,缺乏足够的稳定性,须预先对土壤进行人工加固后才能在上面建造房屋的称为人工地基。人工加固地基通常采用压实法、换土法、化学加固法和打桩法。

三、地基与基础的设计要求

1.地基应具有足够的承载力和均匀程度

建筑物的场址应尽可能选在承载能力高且分布均匀的地段。如果地基土质分成不均匀或处理不好,极易使建筑物发生不均匀沉降,引起墙身开裂、房屋倾斜甚至破坏。

2.基础应具有足够的强度和耐久性

基础是建筑物的重要承重构件,上面的荷载要全部传到基础上,它又是埋于地下的隐蔽工程,易受潮,且很难观察、维修、加固和更换。所以,在构造形式上必须具有足够的强度和与上部结构相适应的耐久性。

3.经济要求

基础工程约占总造价的 10%～40%,要使工程总投资降低,首先要降低基础工程的投资。

四、基础的埋置深度

1.基础的埋置深度的定义

室外设计地面至基础底面的垂直距离称为基础的埋置深度,简称基础的埋深(如图 2-1-2 所示)。埋深大于或等于 4 m 的称为深基础;埋深小于 4 m 的称为浅基础;当基础直接建在地表面上的称不埋基础。在保证安全使用的前提下,应优先选用浅基础,可降低工程造价。但当基础埋深过小时,有可能在地基受到压力后,会把基础四周的土挤出,使基础产生滑移而失去稳定,同时易受到自然因素的侵蚀和影响,使基础破坏,故在一般情况下,基础的埋深不要小于 0.5 m。

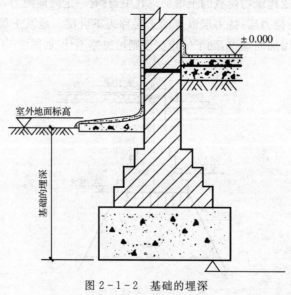

图 2-1-2 基础的埋深

2.影响基础埋深的因素

(1)建筑物上部荷载的大小和性质。多层建筑一般根据地下水位及冻土深度等来确定埋深尺寸。一般高层建筑的基础埋置深度为地面以上建筑物总高度的1/10。

(2)工程地质条件。基础底面应尽量选在常年未经扰动而且坚实平坦的土层或岩石上,俗称"老土层"。

(3)水文地质条件。确定地下水的常年水位和最高水位,以便选择基础的埋深。一般宜将基础落在地下常年水位和最高水位之上,这样可不需进行特殊防水处理,节省造价,还可防止或减轻地基土层的冻胀。

(4)地基土壤冻胀深度。根据当地的气候条件了解土层的冻结深度,一般将基础的垫层部分建在土层冻结深度以下。否则,冬天土层的冻胀力会把房屋拱起,产生变形;天气转暖冻土解冻时,又会产生陷落。

(5)相邻建筑物基础的影响。新建建筑物的基础埋深不宜深于相邻的原有建筑物的基础;但当新建基础深于原有基础时,则要采取一定的措施加以处理,以保证原有建筑的安全和正常使用。如图 2-1-3 所示。

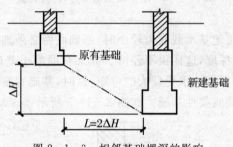

图 2-1-3 相邻基础埋深的影响

1.2 基础的类型及构造

一、按材料及受力特点分类

1.刚性基础

由刚性材料制作的基础称为刚性基础。一般抗压强度高,而抗拉、抗剪强度较低的材料就称为刚性材料;常用的有砖、灰土、混凝土、三合土、毛石等。为满足地基容许承载力的要求,基底宽度一般大于上部墙宽;为了保证基础不被拉力、剪力而破坏,基础必须具有相应的高度。通常按刚性材料的受力状况,基础在传力时只能在材料的允许范围内控制,这个控制范围的夹角称为刚性角,用 α 表示。砖、石基础的刚性角控制在$(1:1.25)\sim(1:1.50)(26°\sim33°)$以内,混凝土基础刚性角控制在$1:1(45°)$以内。刚性基础的受力、传力特点如图 2-1-4 所示。

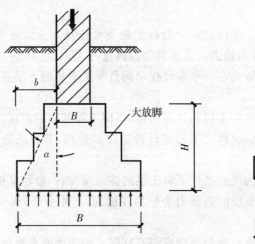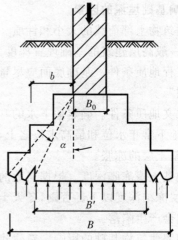

(a)基础在刚性角范围内传力　　　　(b)基础地面宽超过刚性角范围而破坏

图 2-1-4　刚性基础的受力、传力特点

2. 柔性基础

当建筑物的荷载较大而地基承载能力较小时,基础底面必须加宽,如果仍采用混凝土材料作为基础,势必加大基础的深度,这样很不经济。如果在混凝土基础的底部配以钢筋,利用钢筋来承受拉应力,使基础底部能够承受较大的弯矩,这时,基础宽度不受刚性角的限制,故称钢筋混凝土基础为非刚性基础或柔性基础。如图 2-1-5 所示。

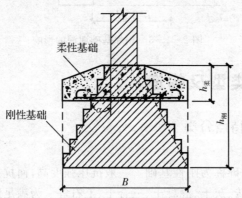

图 2-1-5　刚性基础与柔性基础的比较

钢筋混凝土基础的底板是基础主要受力构件,厚度和配筋均由计算确定。但受力筋直径不得小于 8 mm,间距不大于 200 mm;混凝土强度等级不宜低于 C20。

另外,为保证基础钢筋和地基之间有足够的距离,以免钢筋锈蚀,可在钢筋混凝土底板之下作垫层,垫层还可以作为绑扎钢筋的工作面。当采用等级较低的混凝土作垫层时,一般采用 C10 素混凝土,厚度 70~100 mm,其两边应伸出底板各 100 mm,如图 2-1-6 所示。

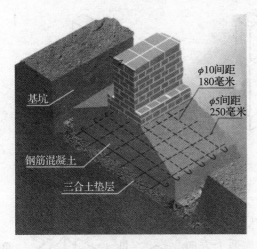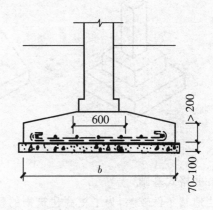

（a）钢筋混凝土基础直观图　　　　（b）钢筋混凝土基础剖面图

图 2-1-6　钢筋混凝土基础

二、按构造型式分类

1.条形基础

当建筑物上部结构采用墙承重时,基础沿墙身设置,多做成长条形,这类基础称为条形基础或带形基础。它是墙承式建筑基础的基本形式。如图 2-1-7 所示。

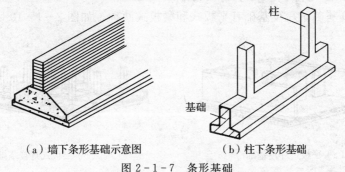

（a）墙下条形基础示意图　　　（b）柱下条形基础

图 2-1-7　条形基础

2.独立式基础

当建筑物上部结构采用框架结构或单层排架结构承重时,基础常采用方形或矩形的独立式基础,这类基础称为独立式基础或柱式基础。独立式基础是柱下基础的基本形式。如图 2-1-8 所示。

当柱采用预制构件时,则基础做成杯口形,然后将柱子插入并嵌固在杯口内,故称为杯形基础。

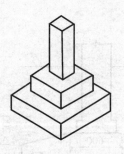 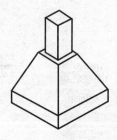 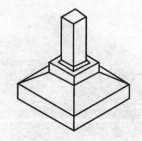

（a）阶梯形 （b）锥形 （c）杯形基础

图 2-1-8 独立式基础

3. 井格式基础

当地基条件较差,为了提高建筑物的整体性,防止柱子之间产生不均匀沉降,常将柱下基础沿纵横两个方向扩展连接起来,做成十字交叉的井格基础。如图 2-1-9 所示。

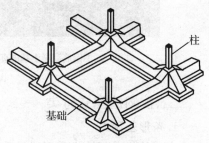

4. 片筏式基础

当建筑物上部荷载大,而地基又较弱,这时采用简单的条形基础或井格基础已不能适应地基变形的需要,通常将墙或柱下基础连成一片,使建筑物的荷载承受在一块整板上成为片筏基础。片筏基础有平板式和梁板式两种。如图 2-1-10 所示。

图 2-1-9 井格式基础

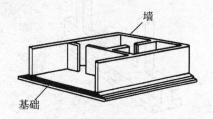 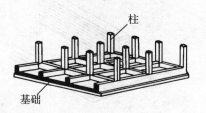

（a）平板式片筏基础 （b）梁板式片筏基础

（c）某工程片筏基础

图 2-1-10 筏式基础

5.箱形基础

当板式基础做得很深时,常将基础改做成箱形基础。箱形基础是由钢筋混凝土底板、顶板和若干纵、横隔墙组成的整体结构,基础的中空部分可用作地下室(单层或多层的)或地下停车库。如图 2-1-11 所示。箱形基础整体空间刚度大,整体性强,能抵抗地基的不均匀沉降,较适用于高层建筑或在软弱地基上建造的重型建筑物。

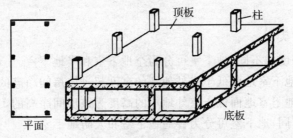

图 2-1-11 箱形基础

6.桩基础

当建筑物的荷载较大,而地基的弱土层较厚,地基承载力不能满足要求,采取其他措施又不经济时,可采用桩基础。桩基础由承台和桩柱组成,如图 2-1-12 所示。

桩按受力可以分为端承桩和摩擦桩。摩擦桩是通过桩侧表面与周围土的摩擦力来承担荷载,适用于软土层较厚,坚硬土层较深,荷载较小的情况。端承桩是通过桩端传给地基深处的坚硬土层,适用于软土层较浅,荷载较大的情况,如图 2-1-13 所示。

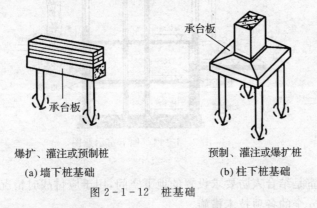

(a)墙下桩基础   (b)柱下桩基础

图 2-1-12 桩基础

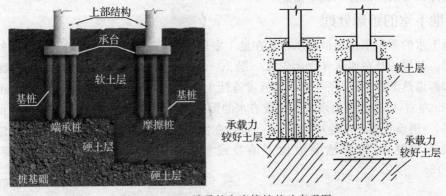

图 2-1-13 端承桩和摩擦桩基础直观图

1.3 地下室的构造

一、地下室的构造组成

建筑物下部的地下使用空间称为地下室。地下室一般由墙身、底板、顶板、门窗、楼梯等部分组成。

二、地下室的分类

(1)按埋入地下深度的不同,地下室可分为全地下室和半地下室。

①全地下室是指地下室地面低于室外地坪的高度超过该房间净高的1/2。

②半地下室是指地下室地面低于室外地坪的高度为该房间净高的1/3～1/2。

(2)按使用功能不同,地下室可分为普通地下室和人防地下室。

①普通地下室一般用作高层建筑的地下停车库、设备用房;根据用途及结构需要可做成一层或二、三层以及多层地下室。地下室示意图见图2-1-14。

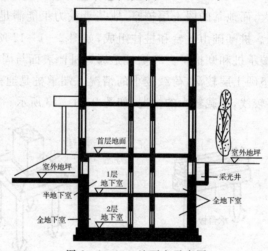

图 2-1-14 地下室示意图

②人防地下室是结合人防要求设置的地下空间,用于应付战时情况下人员的隐蔽和疏散,并具备保障人身安全的各项技术措施。

三、地下室的防潮处理

当地下水的常年水位和最高水位均在地下室地坪标高以下时,须在地下室外墙外面设垂直防潮层。其做法是在墙体外表面先抹一层20 mm厚的1:2.5水泥砂浆找平,再涂一道冷底子油和两道热沥青;然后在外侧回填低渗透性土壤,如黏土、灰土等,并逐层夯实,土层宽度为500 mm左右,以防地面雨水或其他地表水的影响。另外,地下室的所有墙体都应设两道水平防潮层,一道设在地下室地坪附近,另一道设在室外地坪以上150～200 mm处,使整个地下室防潮层连成整体,以防地潮沿地下墙身或勒脚处进入室内。地下室的防潮处理见图2-1-15。

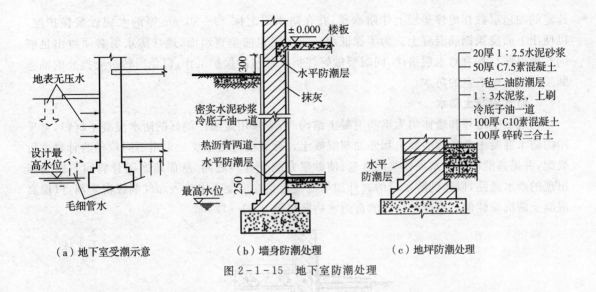

（a）地下室受潮示意　　（b）墙身防潮处理　　（c）地坪防潮处理

图 2-1-15　地下室防潮处理

四、地下室防水构造

当设计最高水位高于地下室地坪时,地下室的外墙和底板都浸泡在水中,应考虑进行防水处理。常采用的防水措施有以下三种。

1. 沥青卷材防水

地下室的卷材防水构造见图 2-1-16。

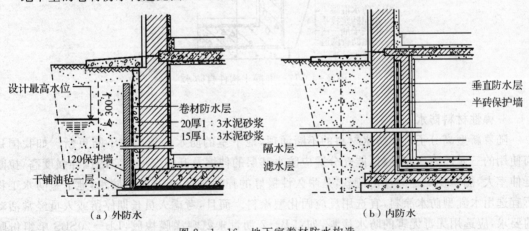

（a）外防水　　　　　　　　　（b）内防水

图 2-1-16　地下室卷材防水构造

（1）外防水。外防水是将防水层贴在地下室外墙的外表面,这对防水有利,但维修困难。外防水构造要点是:先在墙外侧抹 20 mm 厚的 1:3 水泥砂浆找平层,并刷冷底子油一道,然后选定油毡层数,分层粘贴防水卷材,防水层须高出最高地下水位 500～1000 mm 为宜。油毡防水层以上的地下室侧墙应抹水泥砂浆涂两道热沥青,直至室外散水处。垂直防水层外侧砌半砖厚的保护墙一道。

（2）内防水。内防水是将防水层贴在地下室外墙的内表面,这样施工方便,容易维修,但对防水不利,故常用于修缮工程。地下室地坪的防水构造是先浇混凝土垫层,厚约 100 mm;再以选定的油毡层数在地坪垫层上作防水层,并在防水层上抹 20～30 mm 厚的水泥砂浆保护层,以便于上面浇筑钢筋混凝土。为了保证水平防水层包向垂直墙面,地坪防水层必须留出足够的长度以便与垂直防水层搭接,同时要做好转折处油毡的保护工作,以免因转折交接处的油毡断裂而影响地下室的防水。

2. 防水混凝土防水

当地下室地坪和墙体均为钢筋混凝土结构时,应采用抗渗性能好的防水混凝土材料,常采用的防水混凝土有普通混凝土和外加剂混凝土。普通混凝土主要是采用不同粒径的骨料进行级配,并提高混凝土中水泥砂浆的含量,使砂浆充满于骨料之间,从而堵塞因骨料间不密实而出现的渗水通路,以达到防水目的。外加剂混凝土是在混凝土中渗入加气剂或密实剂,以提高混凝土的抗渗性能。混凝土构件的自防水构造见图 2-1-17。

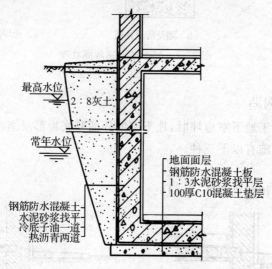

图 2-1-17　混凝土构件自防水

3. 弹性材料防水

随着新型高分子合成防水材料的不断涌现,地下室的防水构造也在不断更新。如我国目前使用的三元乙丙橡胶卷材,能充分适应防水基层的伸缩及开裂变形。它的拉伸强度高,拉断延伸率大,能承受一定的冲击荷载,是耐久性极好的弹性卷材;又如涂料防水,地下室防水工程不宜选用水乳型防水涂料,宜选用反应固化型涂料。而且,考虑人员长期停留或人员经常活动的要求,应选用无毒无害的防水涂料,如:LB-2 沥青聚氨酯涂膜橡胶,LB-20SBS 单组份防水涂料等。防水涂料有利于形成完整的防水涂层,对在建筑内有管道、转折和高差等特殊部位的防水处理极为有利。涂料防水构造做法是先在墙外侧抹 20 mm 厚的 1:3 水泥砂浆找平层,然后涂抹涂料防潮层,再抹 20 mm 厚的 1:3 水泥砂浆保护层。涂料防水构造的做法如图 2-1-18 所示。

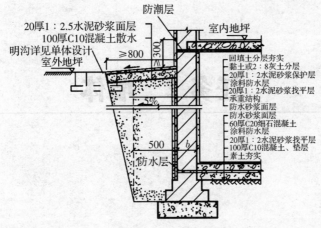

图 2-1-18 涂料防水

📖 本章小结

基础是建筑物与土壤层直接接触的结构构件,承受着建筑物的全部荷载并均匀地传给地基。基础的种类较多,特性和适用情况也不相同,应根据地质、水文、建筑功能、施工技术与周边具体情况作出适当的选择。

地下室作为建筑中较为隐蔽的组成部分,防潮和防水要求应特别重视。

❓ 复习思考题

1. 基础和地基有何不同?他们之间的关系如何?
2. 天然地基和人工地基有什么不同?
3. 什么叫基础的埋深?影响因素有哪些?
4. 常见基础类型有哪些?各有何特点?
5. 什么是刚性基础和刚性角?刚性基础为什么要考虑刚性角?
6. 全地下室与半地下室有什么不同?
7. 为什么要对地下室作防潮、防水处理?
8. 地下室防潮构造的要点有哪些?构造上要注意些什么问题?
9. 地下室在什么情况下要防水?其外防水与内防水有何区别?
10. 外防水构造的要点有哪些?

任务 2 墙体

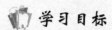

学习目标

通过学习墙体的基本知识,掌握墙体的作用和要求;掌握墙体的分类及细部构造;能够读懂构造图。

引例

某六层住宅楼为砖混结构,交工验收后,业主拿到了钥匙,开始打算装修,厨房与餐厅之间有一道墙,业主想做开敞式厨房,打算将此墙拆除,想一想此墙能拆除吗?

2.1 墙体认知

一、墙体的作用

墙体的作用主要有:

(1)承重作用。墙体承受屋顶、楼板传给它的荷载以及本身的自重和风荷载等。

(2)围护作用。墙体隔住了自然界的风、雨、雪的侵袭,防止了太阳的辐射、噪声的干扰以及室内热量的流失等,起到了保温、隔热、隔声、防水等作用。

(3)分隔作用。墙体将房屋划分为若干房间和使用空间。

二、墙体的类型

按照不同的划分方法,墙体有不同的类型。

(1)按墙体的位置划分。

①内墙:位于建筑物内部的墙。

②外墙:位于建筑物四周与室外接触的墙。

(2)按墙体的方向划分。

①纵墙:沿建筑物长轴方向布置的墙。

②横墙:沿建筑物短轴方向布置的墙。

外横墙习惯上称为山墙,外纵墙习惯上称为檐墙;窗与窗、窗与门之间的墙称为窗间墙,窗洞口下部的墙称为窗下墙;屋顶上部的墙称为女儿墙,具体如图 2-2-1 所示。

(3)按墙体的受力情况划分。

①承重墙:凡直接承受上部屋顶、楼板传来的垂直荷载的墙称为承重墙。

②非承重墙：凡不承受上部传来荷载的墙均是非承重墙。

在砖混结构中，非承重墙可分为自承重墙和隔墙。自承重墙不承受外来荷载，仅承受自身重量并将其传至基础。隔墙将自身重量传给楼板或梁。在框架结构中，非承重墙可分为填充墙和幕墙。填充墙为填充在框架中间的墙。幕墙一般是悬挂在建筑物结构外部的轻质外墙，如玻璃幕墙、铝塑板墙等，它受气流影响需承受水平风荷载。

（4）按构成墙体的材料和制品划分。具体有砖墙、石墙、砌块墙、板材墙、混凝土墙、玻璃幕墙等。

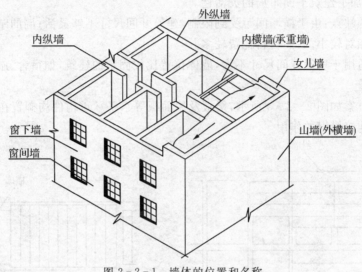

图 2-2-1　墙体的位置和名称

三、墙体的要求

墙体的要求如下：

（1）具有足够的强度和稳定性。墙体的强度和它所使用的材料、材料等级、墙体的截面积、构造和施工方式有关。稳定性与墙体的高度、厚度、长度及纵横墙体间的距离有关。

（2）满足热工要求。从热工角度看主要是保温和隔热。寒冷地区，要求外墙有很好的保温性能，减少室内热量的损失。墙厚根据热工计算确定，同时要防止外墙内表面与保温材料内部出现凝结水现象，构造上防止热桥产生。

在炎热地区，设计中除考虑朝阳、通风外，外墙应具有一定的隔热性能，以防止室外温度过高，热量进入室内。

（3）满足隔声的要求。为了获得安静的工作和生活环境，提高私密性，避免相互打扰，墙体必须具有一定的隔声能力，并符合国家有关隔声标准的要求。

（4）满足防火要求。墙体的材料及厚度应符合防火规范中相应的燃烧性能和耐火极限的要求，当建筑面积较大或长度较长时，应按规范要求划分防火分区，设置防火墙。

（5）满足建筑节能的要求。在能源短缺形势下，为改善严寒和寒冷地区居住建筑采暖能耗大、热工效率差的状况，必须通过设计和构造选择措施提高建筑节能水平。

（6）防水防潮要求。在厨房、卫生间、实验室等有水源的房间的墙体及地下室的墙体应满足防潮、防水要求。

四、墙体的承重方案

1. 横墙承重

横墙承重是将楼板及屋面板等水平承重构件搁置在横墙上,如图2-2-2所示。

横墙承重的优点:横墙间距一般比纵墙小,水平承重构件的跨度小、截面高度也小,可以节省混凝土和钢材;由于横墙较密,又有纵墙拉结,房屋的整体性好,横向刚度大,有利于抵抗水平荷载(风荷载、地震作用等);当横墙承重而纵墙为非承重墙时,在檐墙上开窗灵活;内纵墙可以自由布置,增加了建筑平面布局的灵活性。

横墙承重的缺点:由于横墙间距受到限制,建筑开间尺寸不够灵活;墙的结构面积较大,房屋的使用面积相对较小;墙体材料耗费较多。

横墙承重适用于房间开间尺寸不大,墙体位置比较固定的建筑,如宿舍、旅馆、住宅等。

2. 纵墙承重

纵墙承重方案如图2-2-3所示,楼板及屋面板等水平承重构件均搁置在纵墙上,横墙只起分隔空间和连接纵墙的作用。

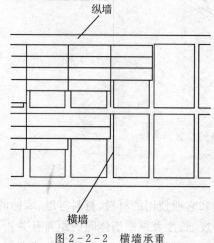

图2-2-2 横墙承重

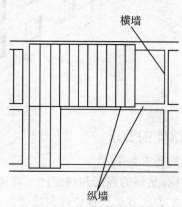

图2-2-3 纵墙承重

纵墙承重的优点:开间划分灵活,能分隔出较大的房间,以适应不同的需要;楼板、进深梁等水平承重构件的规格少,便于工业化;横墙厚度小,可节省墙体材料;北方地区檐墙因保温需要,其厚度往往取决于承重所需要的厚度,纵墙承重可以使檐墙充分发挥作用。

纵墙承重的缺点:水平承重构件的跨度比横墙承重方案大,因而单件重量大,施工时需用一定的起重运输设备;在纵墙上开设门窗洞口受到限制,室内通风不易组织;又由于横墙不承受垂直荷载,抵抗水平荷载的能力比承重的横墙差,所以这种房屋的整体刚度较差。

纵墙承重适用于房间较大的建筑物,如办公楼、餐厅、商店等,也适用于旅馆、住宅、宿舍等建筑。

3. 纵横墙承重

在一栋房屋中纵墙和横墙都是承重墙时,称纵横墙混合承重,如图2-2-4所示。

纵横墙承重的优点是平面布置灵活,房屋刚度也较好;缺点是水平承重构件类型多,施工复杂,墙的结构面积大,消耗墙体材料较多。

纵横墙承重适用于房间开间和进深尺寸较大、房间类型较多以及平面复杂的建筑,前者如教学楼、医院等建筑,后者如托儿所、幼儿园、点式住宅等建筑。

4.内框架承重

房屋内部采用梁、柱组成的内框架承重体系,四周墙体承重,由墙和柱共同承受水平承重构件传来的荷载,如图2-2-5所示。房屋的刚度由框架提供,室内空间较大。这种方案适用于内柱不影响使用的大空间建筑,如大型商场、展厅、餐厅等。

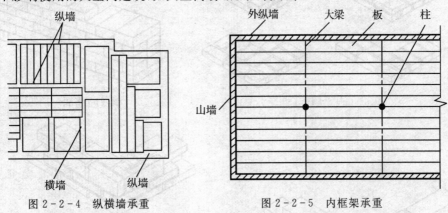

图2-2-4　纵横墙承重　　　　　　图2-2-5　内框架承重

2.2　砖墙构造

砖墙是使用砌筑砂浆将砖按一定技术要求砌筑而成的一类墙体。其优点是具有一定的保温、隔热、隔声性能和承载能力,生产制作及施工操作简单,不需要大型设备;缺点是现场湿作业较多、施工速度慢、劳动强度较大。

一、砖墙材料

1.常用砖类型

根据材料不同,砖可分为黏土砖、灰砂砖、页岩砖、煤矸石砖、水泥砖、工业废料砖(炉渣、粉煤灰等)。

根据外观不同,砖可分为实心砖、空心砖、多孔砖。

根据制作工艺不同,砖可分为烧结型砖和蒸压养护成型砖。

目前常用的有烧结普通砖、蒸压粉煤灰砖、蒸压灰砂砖、烧结空心砖和烧结多孔砖。

常用的实心砖规格为240 mm×115 mm×53 mm。

2.砂浆

砌筑用的砂浆有水泥砂浆、混合砂浆、石灰砂浆三种。水泥砂浆强度高,和易性差,适合砌筑于潮湿环境的砌体中;石灰砂浆强度、防潮性较差,但和易性好,可塑性强,适合于砌筑次要建筑地面以上的砌体;混合砂浆有较高的强度,和易性也好,在砌筑地面以上的砌体中被广泛应用。

二、砖墙的组砌方式

组砌方式是指块材在砌体中的排列方式。为了保证墙体的强度、保温及隔声等要求,砌筑时砖缝应饱满,厚薄均匀,横平竖直,上下错缝,内外搭接。

在砖墙的组砌中,长边平行于墙面砌筑的砖称为顺砖,垂直于墙面砌筑的砖称为丁砖。实体墙通常采用一顺一丁、多顺一丁、全顺式、十字式（梅花丁、沙包式）等组砌方式，如图 2-2-6 所示。

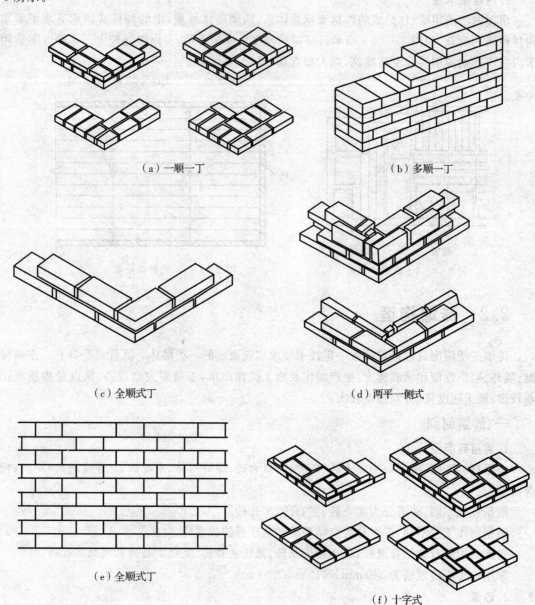

（a）一顺一丁　　　　　　　　　　（b）多顺一丁

（c）全顺式丁　　　　　　　　　　（d）两平一侧式

（e）全顺式丁　　　　　　　　　　（f）十字式

图 2-2-6　砖墙的组砌方式

三、砖墙的厚度

实心黏土砖墙的厚度按半砖的倍数确定。如图 2-2-7 所示。墙厚尺寸与习惯称呼的对应关系见表 2-2-1。

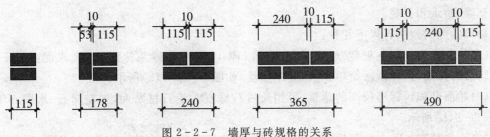

图 2-2-7　墙厚与砖规格的关系

表 2-2-1　墙厚尺寸与习惯称呼

墙厚名称	半砖墙	3/4 砖墙	一砖墙	一砖半墙	两砖墙	两砖半墙
构造尺寸	115	178	240	365	490	615
标志尺寸	120	180	240	370	490	620
习惯称谓	12 墙	18 墙	24 墙	37 墙	49 墙	62 墙

四、墙体细部构造

(一)散水和明沟

为了防止室外地面水、墙面水及屋檐水对墙基的侵蚀,沿建筑物四周与室外地坪相接处宜设置散水或明沟,将建筑物附近的地面水及时排除。

(1)散水。散水是沿建筑物外墙四周做坡度为 3%～5% 的排水护坡,宽度一般不小于 600 mm,并且应该项比屋檐挑出的宽度大 150～200 mm。

散水的做法通常有砖铺散水、块石散水、混凝土散水等,如图 2-2-8(a)所示。

(2)明沟。对于年降水量较大的地区,常在散水的外缘或直接在建筑物外墙根部设置的排水沟称为明沟。明沟通常用混凝土浇筑成宽 180 mm、深 150 mm 的沟槽,也可用砖、石砌筑,沟底应有不少于 1% 的纵向排水坡度,如图 2-2-8(b)所示。

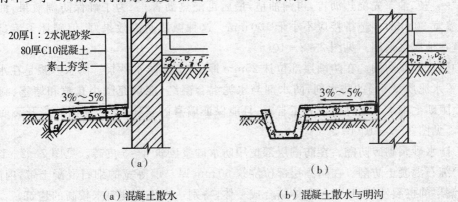

(a)混凝土散水　　　　　　　(b)混凝土散水与明沟

图 2-2-8　散水与明沟

(二)勒脚

勒脚是外墙墙身与室外地面接近的部位。其主要作用如下:①加固墙身,防止因外界机械碰撞而使墙身受损;②保护近地墙身,避免受雨雪的直接侵蚀、受冻以致破坏;③装饰立面。勒脚应坚固、防水和美观。

勒脚常见的做法有以下几种：

（1）抹灰勒脚。对一般建筑，可采用 20mm 厚 1：3 水泥砂浆抹面、1：2 水泥白石子水刷石或斩假石抹面，这种做法简单经济，应用广泛，如图 2-2-9(a)所示。

（2）贴面勒脚。标准较高的建筑，可用天然石材或人工石材贴面，如花岗石、水磨石等，如图 2-2-9(b)所示。

（3）石砌勒脚。整个墙脚采用强度高、耐久性和防水性好的材料砌筑，如条石、混凝土等，如图 2-2-9(c)所示。

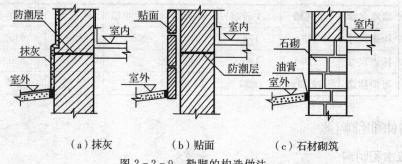

（a）抹灰　　　　（b）贴面　　　　（c）石材砌筑

图 2-2-9　勒脚的构造做法

（三）墙身防潮层

为了防止地下土壤中的潮气沿墙体上升和地表水对墙体的侵蚀，提高墙体的坚固性与耐久性，保证室内干燥、卫生，应在墙身中设置防潮层。防潮层有水平防潮层和垂直防潮层两种。

1. 水平防潮层

墙身水平防潮层应沿着建筑物内、外墙连续设置，位于室内地坪以下 60mm 处，其做法有以下四种：

（1）油毡防潮。在防潮层部位抹 20mm 厚 1：3 水泥砂浆找平层，在找平层上干铺一层油毡或做"一毡二油"（先浇热沥青，再铺油毡，最后再浇热沥青）。为了确保防潮效果，油毡的宽度应比墙宽 20mm，油毡搭接应不小于 100mm。这种做法防潮效果好，但破坏了墙身的整体性，不宜在地震区采用。见图 2-2-10(a)。

（2）防水砂浆防潮。在防潮层部位抹 25mm 厚 1：2 的防水砂浆。防水砂浆是在水泥砂浆中掺入了水泥质量 5% 的防水剂，防水剂与水泥混合凝结，能填充微小孔隙和堵塞、封闭毛细孔，从而阻断毛细水。这种做法省工省料，且能保证墙身的整体性，但易因砂浆开裂而降低防潮效果。见图 2-2-10(b)。

（3）防水砂浆砌砖防潮。在防潮层部位用防水砂浆砌筑 3~5 皮砖。见图 2-2-10(c)。

（4）细石混凝土防潮。在防潮层部位浇筑 60mm 厚与墙等宽的细石混凝土带，内配钢筋。这种防潮层的抗裂性好，且能与砌体结合成一体，特别适用于刚度要求较高的建筑。

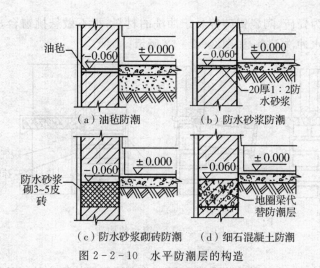

图 2-2-10 水平防潮层的构造

当建筑物设有基础圈梁，且其截面高度在室内地坪以下 60 mm 附近时，可由基础圈梁代替防潮层。见图 2-2-10(d)。

2.垂直防潮层

当室内地坪出现高差或室内地坪低于室外地坪时，除了在相应位置设水平防潮层外，还应在两道水平防潮层之间靠土层的垂直墙面上做垂直防潮层。具体做法如下：先用水泥砂浆将墙面抹平，再涂一道冷底子油（沥青用汽油、煤油等溶解后的溶液），两道热沥青（或做"一毡二油"）。见图 2-2-11。

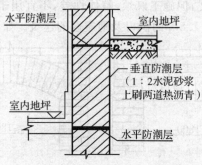

图 2-2-11 垂直防潮层的构造

(三)窗台

窗台是窗洞下部的构造，用来排除窗外侧流下的雨水和内侧的冷凝水，并起一定的装饰作用。位于窗外的叫外窗台，位于室内的叫内窗台。当墙很薄，窗框沿墙内缘安装时，可不设内窗台。

1.外窗台

外窗台面一般应低于内窗台面，并应形成 5% 的外倾坡度，以利排水，防止雨水流入室内。外窗台的构造有悬挑窗台和不悬挑窗台两种。悬挑窗台常用砖平砌或侧砌挑出 60 mm，窗台表面的坡度可由斜砌的砖形成或用 1:3 水泥砂浆抹出，并在挑砖下缘前端抹出滴水槽或滴水线。如果外墙饰面为瓷砖、陶瓷锦砖等易于冲洗的材料,可不做悬挑窗台,窗下墙的脏污也可借窗上墙流下的雨水冲洗干净,如图 2-2-12 所示。

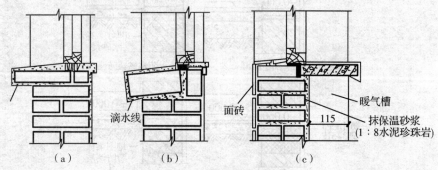

图 2-2-12 窗台的构造

2. 内窗台

内窗台可直接抹 1:2 水泥砂浆形成面层。北方地区墙体厚度较大的留置暖气槽,这时内窗台可采用预制水磨石或木窗台板。

(四)过梁

过梁是指设置在门窗洞口上部的横梁,它用来承受洞口上部墙体传来的荷载,并传给窗间墙。过梁按照采用的材料和构造分,常用的有砖拱过梁、钢筋砖过梁和钢筋混凝土过梁。

1. 砖拱过梁

砖拱过梁有平拱和弧拱两种。它由普通砖侧砌和立砌形成,砖应为单数并对称于中心向两边倾斜,灰缝呈上宽下窄的楔形。

砖拱过梁节约钢材和水泥,但施工麻烦,整体性差,不宜用于上部有集中荷载、振动较大、地基承载力不均匀、跨度超过 1.8m 的洞口及地震区的建筑。如图 2-2-13 所示。

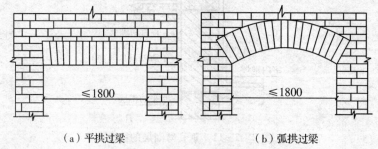

（a）平拱过梁　　　　　　（b）弧拱过梁

图 2-2-13 砖拱过梁

2. 钢筋砖过梁

钢筋砖过梁是在门窗洞口上部的砂浆层内配置钢筋的平砌砖过梁。钢筋砖过梁的高度应经计算确定,一般不少于 5 皮砖,且不少于洞口跨度的 1/5。过梁范围内用不低于 MU7.5 的砖和不低于 M2.5 的砂浆砌筑,砌法与砖墙一样,在第一皮砖下设置不小于 30 mm 厚的砂浆层,并在其中放置钢筋,如图 2-2-14 所示。

钢筋砖过梁适用于跨度不大于 2 m,上部无集中荷载的洞口。当墙身为清水墙时,采用钢筋砖过梁,可使建筑立面获得统一的效果。

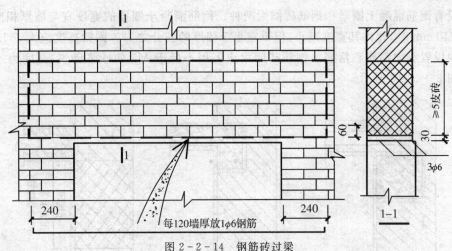

图2-2-14 钢筋砖过梁

3.钢筋混凝土过梁

当门窗洞口跨度超过2m或上部有集中荷载时,需采用钢筋混凝土过梁。过梁有现浇和预制两种。它坚固耐久,施工简便,目前被广泛采用。

钢筋混凝土过梁的截面尺寸及配筋应经计算确定,并应是砖厚的整倍数,宽度等于墙厚,两端伸入墙内不小于240mm。

钢筋混凝土过梁的截面形状有矩形和L形。矩形多用于内墙和外混水墙中,L形多用于外清水墙和有保温要求的墙体中,此时应注意L形口朝向室外。如图2-2-15所示。

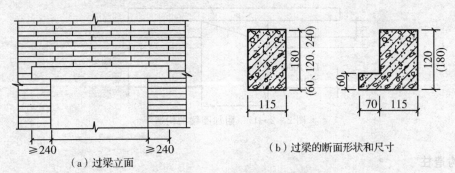

（a）过梁立面　　　　　　（b）过梁的断面形状和尺寸

图2-2-15 钢筋混凝土过梁

(五)圈梁和构造柱

1.圈梁

圈梁是沿建筑物外墙、内纵墙和部分横墙设置的连续封闭的梁。其作用是加强房屋的空间刚度和整体性,防止由于基础不均匀沉降、振动荷载等引起的墙体开裂。

圈梁与横墙的连接方式是在横墙上设贯通圈梁,或将圈梁伸入墙内1.5～2.0m,其数量与建筑物的高度、层数、地基状况和地震裂度有关。当只设一道圈梁时,应通过屋盖处,增设时应通过相应的楼盖处或门洞口上方。

圈梁一般位于屋(楼)盖结构层的下面,对于空间较大的房间和地震裂度8度以上地区的建筑,须将外墙圈梁外侧加高,以防楼板水平位移。当门窗过梁与屋盖、楼盖靠近时,圈梁可通过洞口顶部,兼作过梁。

圈梁有钢筋混凝土圈梁和钢筋砖圈梁两种。钢筋混凝土圈梁的宽度宜与墙厚相同,当墙厚大于 240 mm 时,允许其宽度减小,但不宜小于墙厚的三分之二。圈梁高度应大于 120 mm,并在其中设置纵向钢筋和箍筋。钢筋砖圈梁应采用不低于 M5 的砂浆砌筑,高度为 4~6 皮砖。如图 2-2-16 所示。

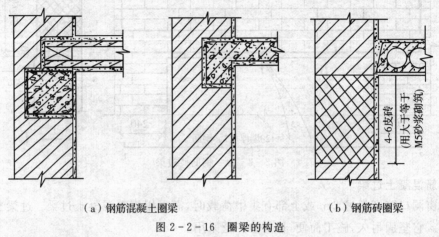

（a）钢筋混凝土圈梁　　　　　　　　　　　（b）钢筋砖圈梁

图 2-2-16　圈梁的构造

圈梁应连续地设在同一水平面上,并形成封闭状,当圈梁被门窗洞口截断时,应在洞口上部增设一道断面不小于圈梁的附加圈梁,如图 2-2-17 所示。

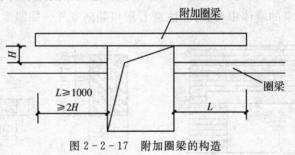

图 2-2-17　附加圈梁的构造

2.构造柱

构造柱是从构造角度考虑设置的,一般设在建筑物的四角、外墙交接处、楼梯间、电梯间以及某些较长墙体的中部。其作用是从竖向加强层间墙体的连接,与圈梁一起构成空间骨架,加强建筑物的整体刚度,提高墙体抗变形的能力,约束墙体裂缝的开展。

构造柱的截面不宜小于 240 mm×180 mm,常用 240 mm×240 mm。构造柱应先砌墙后浇柱,墙与柱的连接处宜留出"五进五出"(沿墙高五皮砖挑进,五皮砖退出,进出 60 mm)的大马牙搓,并沿墙高每隔 500 mm 设 2φ6 的拉结钢筋,每边伸入墙内不宜少于 1000 mm。如图 2-2-18所示。

构造柱可不单独做基础,下端可伸入室外地面下 500 mm 或锚入浅于 500 mm 的基础圈梁内。

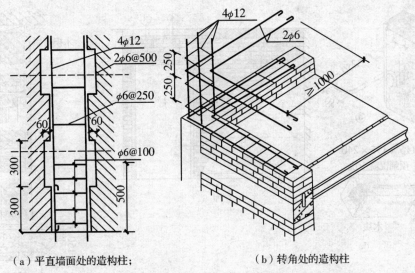

（a）平直墙面处的造构柱；　　　　（b）转角处的造构柱

图 2-2-18　构造柱

2.3　隔墙构造

一、块材隔墙

块材隔墙是用普通黏土砖、空心砖、加气混凝土等块材砌筑而成,常采用普通砖隔墙和砌块隔墙两种。

(一)普通砖隔墙

普通砖隔墙一般采用1/2砖(120 mm)隔墙。如图2-2-19所示,1/2砖墙用普通黏土砖采用全顺式砌筑而成,砌筑砂浆强度等级不低于M5,砌筑较大面积墙体时,长度超过6 m应设砖壁柱,高度超过5 m应在门过梁处设通长钢筋混凝土带。

为了保证砖隔墙不承重,在砖墙砌到楼板底或梁底时,将立砖斜砌一皮,或将空隙塞木楔钉紧,然后用砂浆填缝。

(二)砌块隔墙

为减轻隔墙自重,可采用轻质砌块,墙厚一般为90~120 mm。加固措施同1/2砖隔墙做法。砌块不够整块时宜用普通黏土砖填补。因砌块孔隙率大、吸水量大,故在砌筑时先在墙下部实砌3~5皮实心黏土砖再砌砌块。如图2-2-20所示。砌块隔墙实例图如图2-2-21所示。

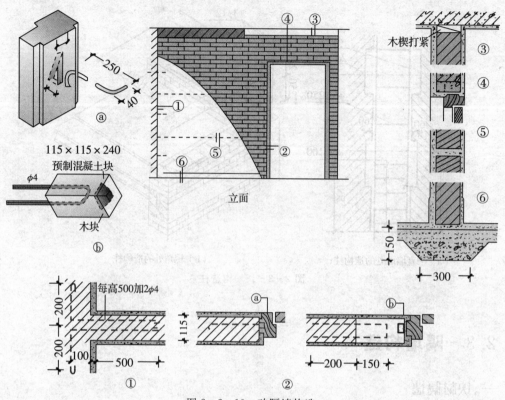

图 2-2-19　砖隔墙构造

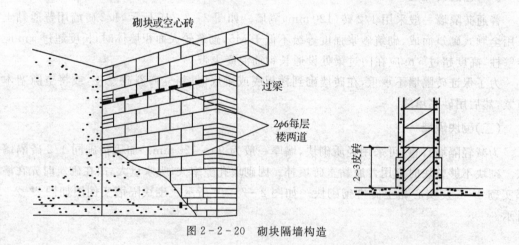

图 2-2-20　砌块隔墙构造

图 2-2-21　砌块隔墙实例图

二、骨架隔墙

　　轻骨架隔墙由骨架和面板层两部分组成,骨架有木骨架和金属骨架,面板有板条抹灰、钢丝网板条抹灰、胶合板、纤维板、石膏板等。由于先立墙筋(骨架),再做面层,故骨架隔墙又称为立筋式隔墙。

1. 木骨架隔墙

　　木骨架隔墙的骨架间距视面板规格而定,如图 2-2-22 所示。

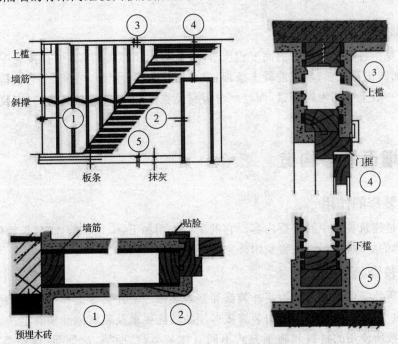

图 2-2-22　木板条抹灰骨架隔墙构造

2.轻钢骨架隔墙

采用金属骨架时,可先钻孔,用螺栓固定,或采用膨胀铆钉将板材固定在墙筋上。立筋面板隔墙为干作业,自重轻,可直接支撑在楼板上,施工方便,灵活多变,故得到了广泛应用,但隔声效果较差。如图 2-2-23 所示。

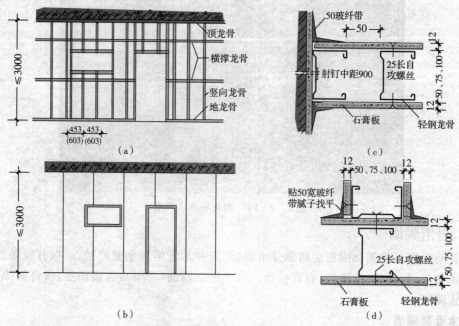

图 2-2-23 轻钢骨架隔墙构造

三、板材隔墙

板材隔墙是指各种轻质板材的高度相当于房间净高,不依赖骨架,可直接装配而成,目前多采用条板,如碳化石灰板、加气混凝土条板、多孔石膏条板、水泥刨花板、复合板等。

板材隔墙一般上下用木楔钉紧,而且此时板材是在楼板结构层上安装的,安装完后,再做楼面。

2.4 墙面装修构造

一、墙面装修的作用

墙面装修是建筑装修中的重要内容。它的主要作用如下:①保护墙体、延长墙体的使用寿命;②改善墙体的物理性能;③改善室内外空间环境及使用条件。

二、墙面装饰装修的类型

墙面按其所处部位不同可分为室外装修和室内装修。室外装修选择强度高、耐水性好、抗冻性高、抗腐蚀、耐风化的材料。室内装修按房屋的功能要求及装修标准来确定。

墙面装修按所使用的材料和施工方式不同有抹灰类、贴面类、涂饰类、裱糊类和铺钉类。外墙装修的类型有抹灰类、涂料类、贴面类、清水砖墙。内墙装修的类型有抹灰类、涂料类、贴面类、裱糊类、铺钉类。

三、墙面装修的构造

(一)抹灰墙面装修

抹灰墙面是我国传统的饰面做法,它是指利用各种砂浆或石渣浆,分层抹面并进行表面加工所形成的装饰饰面。

装修用的砂浆有水泥砂浆、石灰砂浆(纸筋灰)、水泥石灰砂浆(混合砂浆)、石膏砂浆、水泥石子浆等。

抹灰类饰面的类型分为一般抹灰和装饰抹灰。一般抹灰根据质量要求又分为普通抹灰、中级抹灰、高级抹灰;装饰抹灰又分为抹灰类装饰抹灰、石渣类装饰抹灰。

抹灰墙面装修的优点是材料来源广,取材易,施工方法简单,技术要求低,造价低,与墙体的黏结力强,并具有一定的厚度,对墙体起到较好的保护作用。缺点是手工操作,工效低,湿作业量大,劳动强度高,砂浆年久易脱落。

下面分别介绍一般抹灰和装饰抹灰的构造。

1. 一般抹灰饰面的构造

砖墙面要粗糙,这有利于加强墙体与底层抹灰间的黏结力。对不同墙面的一般处理方法如下:

(1)轻质砌块墙体。由于其表面孔隙大,吸水性强,导致强体与底层抹灰之间的黏结力较低,易脱落。所以先涂刷 107 建筑胶密封基层,再做底层抹灰。要求高的装修应在墙面满钉 0.7 mm 细镀锌钢丝网,再做抹灰。

(2)混凝土墙体。由于其表面较光滑,脱模油,影响墙体与底层连接。所以先除油垢、凿毛、甩浆、划纹。

一般抹灰饰面的构造要进行三层抹灰,具体如下:

底层抹灰的主要作用是黏结兼初步找平,厚度一般不大于 10 mm。

中层抹灰主要作用是找平兼结合、弥补底层砂浆不足,所用材料基本同底层,厚度一般为 5~8 mm 左右。

面层抹灰主要作用是装饰,要求平整、无裂纹、色均匀;厚度 10 mm 左右。如图 2 - 2 - 24 所示。

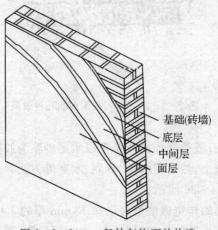

图 2 - 2 - 24　一般抹灰饰面的构造

2.装饰抹灰

装饰抹灰是指在一般抹灰的基础上,利用不同的工具和操作方法,对抹灰表面进行装饰性加工,使其具有鲜明的艺术特色和强烈的装饰效果。装饰抹灰分为抹灰类装饰抹灰、石渣类装饰抹灰。

(1)抹灰类装饰抹灰。抹灰类装饰抹灰又分为喷涂、滚涂、弹涂(聚合物水泥砂浆及颜料)、拉毛、甩毛、喷毛、搓毛及拉条饰面、假面砖。

①喷涂、滚涂、弹涂(聚合物水泥砂浆及颜料)。聚合物水泥砂浆是在普通砂浆中掺入适量的有机聚合物以改善原材料性能中的某些不足。

喷涂是利用挤压砂浆泵或喷斗将砂浆喷到墙体表面而形成的饰面层(波纹状、点粒状)。

滚涂是抹聚合物水泥砂浆面层后立即用特制的滚子在表面滚压出花纹,再用甲醛硅酸钠疏水剂溶液罩面。

弹涂是墙体表面刷一道聚合物水泥砂浆(上底色),分几遍将不同色彩的聚合物水泥砂浆弹在涂层上,喷罩甲醛硅树脂。

②拉毛、甩毛、喷毛、搓毛及拉条饰面。拉毛的类型有水泥石灰拉毛、石膏拉毛灰、油拉毛灰。它的构造做法是:用1:0.5:4水泥石灰砂浆分两遍完成打底,再刮一道素水泥,然后抹4~20 mm 1:0.5:1水泥石灰膏砂浆(厚度视拉毛长度)拉毛罩面。它的特点是手工操作、工效低、易污染,但装饰质感强。

甩毛构造的做法是打底后刷水泥浆或水泥色浆,然后用工具甩浆。

拉条是使用专用模具把面层砂浆作出竖线条的装饰抹灰。

③假面砖(仿釉面砖)。假面砖是用彩色水泥砂浆通过手工操作达到模拟外墙面砖分块形式与质感的装饰抹灰。

它的构造做法是用水泥石灰膏混合砂浆或水泥砂浆打底,然后做饰面砂浆(着色)面层,待达到一定强度后,用铁梳子划出面砖的纹理或用靠尺和铁辊滚压刻纹。如图2-2-25所示。

图 2-2-25　斩假石饰面的几种效果

(2)石渣类装饰抹灰。石渣类装饰抹灰是把以水泥砂浆为胶凝材料,以石渣为骨料的水泥石渣浆抹于墙体的中层抹灰上,然后用水洗、斧剁、水磨等方法除去表面浆皮,露出石渣的颜色质感的饰面做法。如图2-4-26所示。

它们(水刷石和斩假石)的构造做法是底层抹13 mm厚的1:3水泥砂浆,再刮素水泥浆,然后水泥石渣浆罩面。其施工做法为:基层处理、底中层抹灰、弹线分割、贴分格条、刷水泥浆、抹面层水泥石砾浆、喷刷冲洗、使石子外露、起分格条。干粘石的构造做法是用1:3水泥砂浆打底,抹 13 mm 厚,再刮素水泥浆,然后撒石粒。

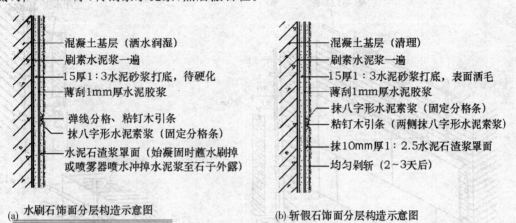

(a) 水刷石饰面分层构造示意图

混凝土基层（洒水润湿）
刷素水泥浆一遍
15厚1:3水泥砂浆打底,待硬化
薄刮1mm厚水泥胶浆
弹线分格、粘钉木引条
抹八字形水泥素浆（固定分格条）
水泥石渣浆罩面（始凝固时蘸水刷掉
或喷雾器喷水冲掉水泥浆至石子外露）

(b) 斩假石饰面分层构造示意图

混凝土基层（清理）
刷素水泥浆一遍
15厚1:3水泥砂浆打底,表面洒毛
薄刮1mm厚水泥胶浆
抹八字形水泥素浆（固定分格条）
粘钉木引条（两侧抹八字形水泥素浆）
抹10mm厚1:2.5水泥石渣浆罩面
均匀剁斩（2~3天后）

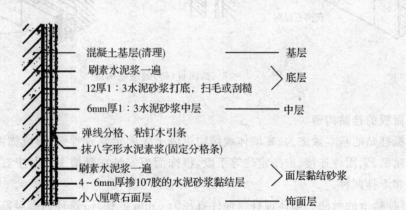

(c) 干粘石饰面分层构造示意图

混凝土基层(清理)
刷素水泥浆一遍
12厚1:3水泥砂浆打底,扫毛或刮糙
6mm厚1:3水泥砂浆中层
弹线分格、粘钉木引条
抹八字形水泥素浆(固定分格条)
刷素水泥浆一遍
4~6mm厚掺107胶的水泥砂浆黏结层
小八厘喷石面层

基层
底层
中层
面层黏结砂浆
饰面层

图 2-2-26　石渣类装饰抹灰

(二)饰面板(砖)类饰面

饰面板(砖)类饰面主要有粘贴和挂贴两种做法。

1.饰面板(砖)的粘贴构造

水泥砂浆粘贴构造一般分为底层、黏结层和块材面层三个层次。如图 2-2-27 所示。

建筑胶粘贴的构造做法为:将胶凝剂涂在板背面的相应位置,然后将带胶的板材经就位、挤紧、找平、校正、扶直、固定等工序,粘贴在清理好的基层上。

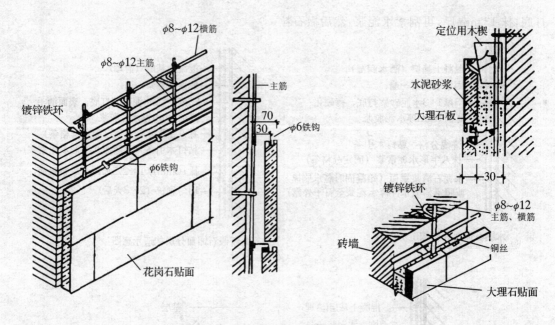

图 2-2-27 饰面板(砖)的粘贴构造

2.饰面板的挂贴构造

饰面板挂贴的基本做法为:在墙体或结构主体上先固定龙骨骨架,形成饰面板的结构层,然后利用粘贴、紧固件连接、嵌条定位等手段,将饰面板安装在骨架上。对于石材类饰面板主要有湿挂和干挂两种。

(1)湿挂构造的做法。墙体埋好预埋件直径为 6 mm 的铁环;铁环内绑竖筋直径为 8 mm;按石板高度绑扎直径为 6 mm 的横筋;天然石板上部边缘钻孔,贴板时用钢丝将板绑扎在横筋上临时固定,向板与墙体之间的空隙内灌注 1:2 的水泥砂浆。每次灌缝不得超过板高的1/3,间隔时间为 1~2 小时。改进后,取消横竖钢筋,用不锈钢角铁勾代替,此为钢筋勾挂法。如图 2-2-28 所示。它的优点是既有粘贴层又加以绑扎,较安全;缺点是施工周期长,现场湿作业量大。

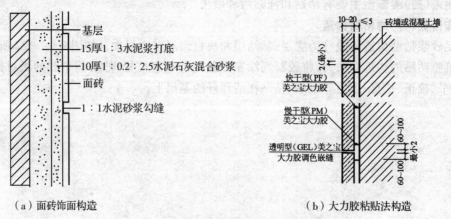

(a)面砖饰面构造   (b)大力胶粘贴法构造

图 2-2-28 饰面板(砖)的湿挂构造

（2）干挂构造的做法。在墙体上按石板规格,精确钻孔,插入膨胀螺栓;固定不锈钢锚固件或 L 形铁件;在饰面石材上用电钻钻孔;用不锈钢连接件与暗销插入板材。如图 2－2－29 所示。

干挂构造的优点是避免了花脸、变色、锈斑等现象和由于挂贴不牢而产生的空鼓、裂缝、脱落等问题;饰面板是分块独立吊挂于墙体上,每块饰面板材的重量不会传给其他板材且无水泥砂浆重量减轻了墙体的承重荷载;施工速度快,周期短,减少了湿作业,降低了现场污染及清理的人工费;吊挂件轻巧灵活,可随意调整;空腔有助于保温、隔热、隔声;受墙体热胀冷缩的影响小;连接精度高,装饰质量好。其缺点是由于饰面板与墙面之间必须有一定的距离（80～90 mm）,增大了外墙的装修面积;对一些几何形体复杂的墙体或柱面,施工比较困难,必须由熟练工人操作,只适用于混凝土墙,并且造价较高。

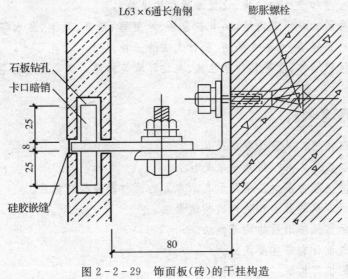

图 2－2－29　饰面板(砖)的干挂构造

（三）涂料类饰面构造

涂料类饰面是指在墙体抹灰的基础上,局部或满刮腻子处理使墙面平整后,涂刷选定的浆料及涂料所形成的饰面。如图 2－2－30 所示。它的特点是造价低、装饰性好、工期短、工效高、自重轻,以及操作简单、维修方便、更新快。涂料的施涂方法有刷涂、滚涂、喷涂和弹涂。

图 2－2－30　涂料饰面实例

图 2－2－31　涂料饰面实例

(四)裱糊类饰面

裱糊类饰面是采用柔性装饰材料,利用裱糊、软包方法所形成的一种内墙面饰面。它的特点是装饰性强、经济合理、施工简便、可粘贴、造价较低。常用的材料有壁纸、壁布、棉麻织品、织锦缎、皮革、微薄木等。如图 2-2-31 所示。

📖 本章小结

墙体是建筑物的重要组成部分,它有承重、围护和分隔的作用。

勒脚、散水和明沟位于墙脚,与室外地坪相邻。处理好这几部分的构造,可保护墙体并提高其耐久性。墙身防潮层是防止土中水渗透到墙体而造成侵害的重要构造,分为水平防潮层和垂直防潮层。常见的防潮层构造做法有防水砂浆防潮层和配筋细石混凝土防潮层等。墙身加固的构造措施有增加壁柱和门垛、设置圈梁和构造柱。

隔墙是分隔房间的非承重内墙,具有自重轻、厚度薄、隔声、防潮、防水等性能特点。常见的隔墙类型有块材式隔墙、立筋式隔墙、板材式隔墙三种。

墙面装修有保护墙体、改善其物理性能、美化环境等作用。常见的墙面装修有抹灰、贴面、涂刷、裱糊等。

复习思考题

1. 墙体有什么作用? 其设计要求是什么?

2. 砖墙有哪些砌筑方式? 组砌要求是什么?

3. 勒脚的高度一般为多少? 用图示表示常见的两种勒脚构造做法。

4. 用图示表示常见的散水和明沟的构造做法。

5. 用图示表示常见防潮层的构造做法。

6. 窗台的构造设计有哪些要点?

7. 砖混结构的抗震构造措施有哪些?

8. 圈梁的作用是什么? 其设置要求如何?

9. 构造柱的作用是什么? 其设置要求如何?

10. 隔墙的设计要求有哪些?

11. 为什么要进行墙面装修?

12. 墙体抹灰各层的作用和要求是什么?

任务3 楼板与地面

学习目标

掌握楼板层的组成、类型和设计要求;掌握常见楼板的构造知识;熟悉常见地坪层的构造以及地面构造;能够识读楼地层构造图。

引例

之所以称为楼房,就是因为楼板层将建筑的竖向空间进行了分割。对砖混结构房屋来讲,先砌墙体,然后是墙体上的楼板,再在楼板上砌墙体,接下来又是墙体上的楼板……

在"5·12"汶川大地震当中,大量的预制楼板在倒塌的房屋废墟中随处可见。那么,在遭遇地震时,房屋倒塌和楼板有关系吗?应该用什么类型的楼板?如何加强建筑物的抗震设防呢?

3.1 楼板层认知

一、楼板层的作用

楼板层是楼房层与层之间的水平分割构件,它沿着竖向将建筑物分割成若干部分。同时,楼板层又是承重构件,承受着自重和楼面使用荷载,并将其传给墙(梁)和柱,对墙体起水平支撑作用。

二、楼板层的要求

1.强度和刚度要求

强度要求是指楼板层应保证在自重和活荷载作用下安全可靠,不发生任何破坏。刚度要求是指楼板层在一定荷载作用下不发生过大变形,以保证正常使用状况。

2.使用功能方面的要求

楼板层应满足防火、防水、保温、隔热、隔声、耐久等基本使用功能要求,保证室内环境的舒适和卫生;同时,还应方便在楼板层中敷设各种管线。

3.经济要求

选用楼板时,应结合当地实际选择合适的结构材料和类型,提高装配化的程度。楼板层的跨度应在结构构件的经济合理范围内确定。一般多层建筑中楼板层造价约占建筑物总造价的20%～30%,因此,楼板层要合理选配,降低造价。

三、楼板层的构造组成

楼板层通常由面层、结构层、顶棚三部分组成，根据使用的实际需要可在楼板层里设置附加层，如图2-3-1所示。

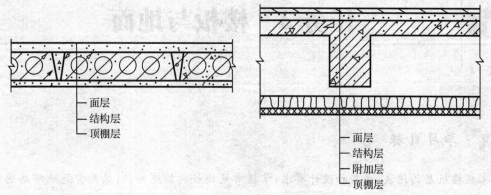

图2-3-1 楼板层的组成

1.面层

面层又称楼面，位于楼板层的最上层，起着保护楼板、承受并传递荷载的作用，同时对室内起美化装饰作用。

2.结构层

结构层位于楼板层的中部，是承重构件，包括梁和板。其主要功能在于承受楼板层上的全部荷载，并将这些荷载传给墙或柱；同时还对墙身起水平支撑作用，以加强建筑物的整体性和刚度。

3.附加层

附加层又称功能层，根据楼板层的具体要求而设置，主要作用是隔声、隔热、保温、防水、防潮、防腐蚀、防静电等。根据需要，附加层有时与面层合二为一，有时又与吊顶合为一体。

4.顶棚

顶棚位于楼板层最下层，主要作用是保护楼板、安装灯具、遮挡各种水平管线、改善使用功能、装饰美化室内空间等。

四、楼板的类型

根据所用材料不同，楼板可分为木楼板、砖拱楼板、钢筋混凝土楼板和钢衬板组合楼板等多种类型，如图2-3-2所示。

木楼板自重轻，保温隔热性能好，舒适，有弹性，只在木材产地采用较多，但耐火性和耐久性均较差，且造价偏高，为节约木材和满足防火要求，现采用较少。

砖拱楼板节约钢材、木材、水泥，但其自重大，承载力及抗震性能较差，且施工较复杂。

钢筋混凝土楼板具有强度高，刚度好，耐火性和耐久性好，还具有良好的可塑性，在我国便于工业化生产，应用最广泛；按其施工方法不同，可分为现浇式、装配式和装配整体式三种。

压型钢板组合楼板是在钢筋混凝土基础上发展起来的，利用钢衬板作为楼板的受弯构件和底模，既提高了楼板的强度和刚度，又加快了施工进度，是目前正在大力推广的一种新型楼板。

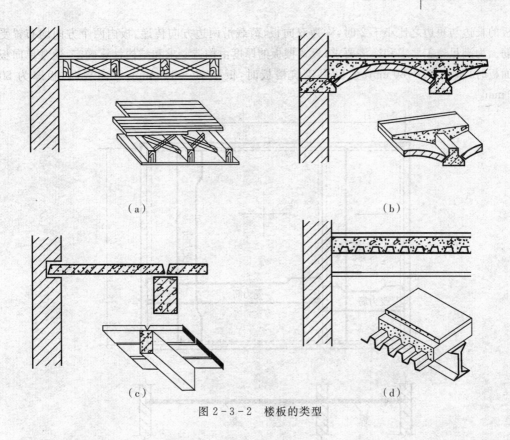

图 2-3-2　楼板的类型

3.2　钢筋混凝土楼板构造

钢筋混凝土楼板按其施工方法不同,又分为现浇钢筋混凝土楼板、预制钢筋混凝土楼板和装配整体式钢筋混凝土楼板三种。

一、现浇钢筋混凝土楼板

现浇钢筋混凝土楼板是在施工现场支模板、绑扎钢筋、浇筑混凝土,经养护成型的楼板。由于现浇钢筋混凝土楼板整体性好,特别适用于有抗震设防要求的多层房屋和对整体性要求较高的其他建筑,对有管道穿过的房间、平面形状不规整的房间、尺度不符合模数要求的房间和防水要求较高的房间,都适合采用现浇钢筋混凝土楼板。

现浇钢筋混凝土楼板根据受力和传力情况不同,分为板式楼板、梁板式楼板、无梁式楼板和压型钢板组合板等。

(一)板式楼板

将楼板现浇成一块平板,并直接搁置在墙上的楼板称为板式楼板。板式楼板底面平整,便于支模施工,但当跨地较大时,需增加楼板的厚度,耗费材料较多,所以板式楼板适用于平面尺寸较小的房间,如厨房、卫生间、走廊等。

板式楼板根据受力特点和支承情况,分为单向板和双向板,如图 2-3-3 所示。当板的长边与短边之比大于 2 时,称为单向板,荷载沿短边方向传递,板内受力钢筋沿短边方向布置。

当板的长边与短边之比小于 2 时,称为双向板,荷载沿两边方向传递,板内两个方向均布置受力钢筋。为满足施工要求和经济要求,板式楼板的厚度由构造要求和结构计算确定,通常单向板为屋面板时,板厚 60～80 mm,为民用建筑楼板时,板厚 70～100 mm;双向板时,板厚为 80～160 mm。

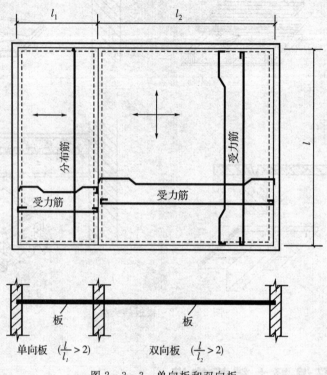

图 2-3-3　单向板和双向板

(二)梁板式楼板

当房间平面尺寸较大时,为了避免楼板的跨度过大,可在板的下面设梁来减小板的跨度,这种由梁、板组成的楼板称为梁板式楼板。根据梁的布置情况,它又分为单梁式楼板、复梁式楼板、井梁式楼板。

1.单梁式楼板

单梁式楼板指的是只在短向设梁,梁直接搁置在墙体上,荷载的传递途径为:板—梁—墙或柱,如图 2-3-4 所示。单梁式楼板适用于民用建筑中的教学楼、办公楼等建筑。

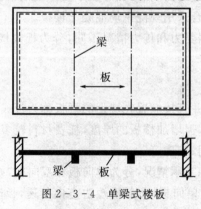

图 2-3-4　单梁式楼板

2.复梁式楼板

当房间尺寸较大时采用复梁式楼板,在两个方向设梁,梁分主梁和次梁,且垂直相交。一般沿房间短向布置主梁,沿长向布置次梁,如图 2-3-5 所示。其构造做法是板搁置在次梁上,次梁搁置在主梁上,主梁搁置在墙或柱上,荷载的传递途径为:板—次梁—主梁—墙或柱。复梁式楼板适用于民用建筑中的教学楼、办公楼、小型商店等建筑。

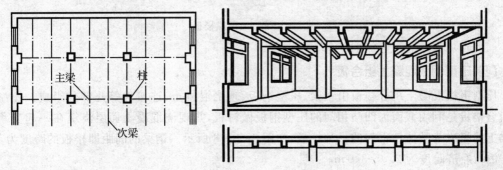

图 2-3-5　复梁式楼板

3.井梁式楼板

井梁式楼板是复梁式楼板的一种特殊形式。当房间尺寸较大,并接近正方形时,沿两个方向布置等截面高度的梁,梁不分主次,与板整浇形成井格形的梁板结构。纵梁和横梁同时承担着由板传递下来的荷载,如图 2-3-6 所示。

井格的布置形式有正交正放、正交斜放、斜交斜放等。板的跨度即为梁的间距,一般为 2.5~4 m。板为双向板,厚度为 70~80 mm。井格式楼板外观规则整齐且富有韵律,可不设柱满足较大建筑空间的要求,常见于门厅或其他大厅中。

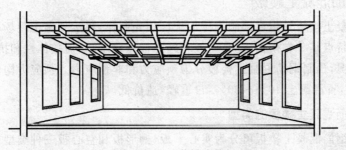

图 2-3-6　井梁式楼板

(三)无梁楼板

无梁楼板为等厚的平板直接支承在柱上,分为有柱帽和无柱帽两种,如图 2-3-7 所示。当楼面荷载比较小时,可采用无柱帽楼板;当楼面荷载较大时,必须在柱顶加设柱帽。无梁楼板的柱可设计成方形、矩形、多边形和圆形;柱帽可根据室内空间要求和柱截面形式进行设计;板的最小厚度不小于 150 m。无梁楼板的柱网一般布置为正方形或矩形,间跨一般不超过 6 m。

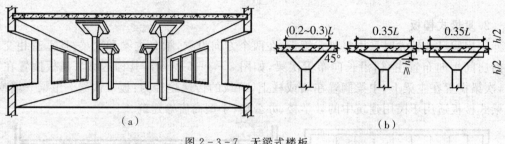

图 2-3-7　无梁式楼板

(四)压型钢板混凝土组合板

压型钢板混凝土组合楼板由钢梁、压型钢板、现浇混凝土、连接件等几部分组成。压型钢板组合楼板是利用截面为凹凸相间的压型钢板做衬板,与现浇混凝土面层浇筑在一起支承在钢梁上的板成为整体性很强的一种楼板,如图 2-3-8 所示。钢梁的间距即楼板的跨度为 1.5～4.0 m,经济跨度为 2.0～3.0 m。

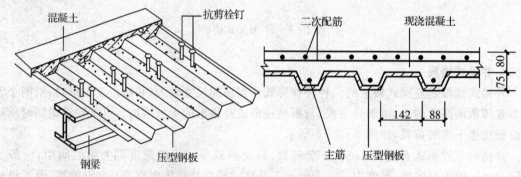

图 2-3-8　压型钢板混凝土组合板

二、预制钢筋混凝土楼板

预制钢筋混凝土楼板是指在预制构件加工厂预先制作,再运到施工现场,装配而成的钢筋混凝土楼板。其特点是省模板,提高工效和施工机械化水平,但整体性和抗震性能较差。

板的应力状况,预制钢筋混凝土楼板分为预应力和非预应力。预应力构件可控制裂缝,省钢材 30%～50%,省混凝土 10%～30%,自重轻,造价低。

(一)预制钢筋混凝土楼板的类型

常用的预制钢筋混凝土楼板可分为实心平板、槽形板和空心板三种类型。

1.实心平板

实心平板上下板面平整,制作简单,两端支承在墙或梁上。板厚一般为 60～80 mm,跨度在 2.4 m 以内为宜,板宽约为 500～900 mm。实心平板宜用于跨度小的走廊板、楼梯平台板、阳台板、管沟盖板等处,如图 2-3-9(a)所示。

2.槽形板

槽形板是一种梁板合一的构件,即在实心板两侧设纵肋,构成槽形截面。它具有自重轻、省材料、造价低、便于开孔等优点。槽形板板跨为 3.0～7.2 m,板宽为 600～1500 mm,板厚为 30～40 mm,肋高为 150～400 mm。如图 2-3-9(b)、(c)所示。

3.空心板

空心板孔洞形状有圆形、椭圆形和矩形等,以圆孔板的制作最为方便,应用最广。如图 2-3-9(d)、(e)所示。与实心板相比,空心板自重轻、材料省、刚度好、隔声隔热效果好,其缺点是板面不能随意开洞。

空心板的跨度一般为 2.4～6.6 m,厚度为 120～180 mm。常用的是预应力空心板,板厚为 120 mm。板端孔洞常以砖块或混凝土块填塞,这样可保证在安装时嵌缝砂浆或细石混凝土不会流入板孔中,且板端不被压坏。

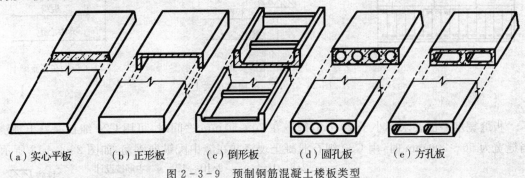

| (a) 实心平板 | (b) 正形板 | (c) 倒形板 | (d) 圆孔板 | (e) 方孔板 |

图 2-3-9　预制钢筋混凝土楼板类型

(二)预制钢筋混凝土楼板的安装构造

空心板安装前,为了提高板端的承载力,避免灌缝材料进入孔洞内,应用混凝土或砖塞入端部孔洞。

预制板搁置在砖墙或梁上时,应有足够的支承长度。支承于梁上时,其搁置长度不小于 80 mm;支承于墙上时,其搁置长度不小于 100 mm,并在梁或墙上铺 M5 水泥砂浆找平(坐浆),厚度为 20 mm,以保证板的平稳,传力均匀。为了增加建筑的整体刚度,在板的端缝和侧缝处还应用拉结钢筋加以锚固,如图 2-3-10 和图 2-3-11 所示。

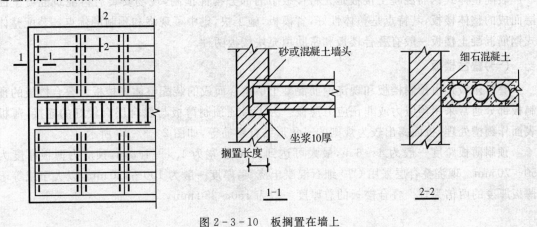

图 2-3-10　板搁置在墙上

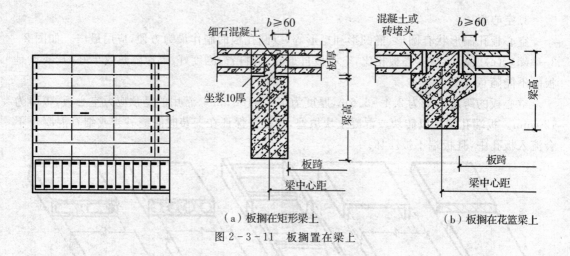

（a）板搁在矩形梁上　　　　　　（b）板搁在花篮梁上

图 2-3-11　板搁置在梁上

板缝宽度一般要求不小于 20 mm,缝宽在 20~50 mm 之间时,可用 C20 细石混凝土现浇;当缝宽为 50~200 mm 时,用 C20 细石混凝土现浇并在缝中配纵向钢筋,如图 2-3-12 所示。

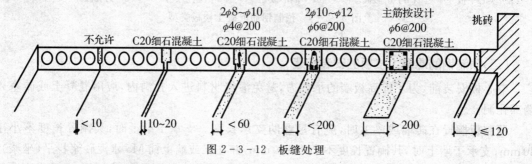

图 2-3-12　板缝处理

三、装配整体式钢筋混凝土楼板

装配整体式钢筋混凝土楼板是先将楼板中的部分构件预制,现场安装后再浇筑混凝土面层而成的整体楼板,其特点是整体性好,省模板,施工快,集中了现浇和预制的优点。装配整体式钢筋混凝土楼板一般有叠合楼板和密肋填充块楼板两种。

(一)叠合楼板

叠合楼板是由预制楼板和现浇钢筋混凝土层叠合而成的装配整体式楼板。叠合楼板的预制板部分通常采用预应力或非预应力薄板。为了保证预制薄板与叠合层有较好的连接,薄板表面作刻槽处理,板面露出较为规则的三角形结合钢筋等,如图 2-3-13 所示。

预制薄板跨度一般为 4~6 m,最大可达到 9 m,板宽为 1.1~1.8 m,预应力薄板厚度为 50~70 mm。现浇叠合层采用 C20 细石混凝土浇筑,厚度一般为 100~120 mm,以大于或等于薄板厚度的两倍为宜。叠合楼板的总厚度一般为 150~250 mm。

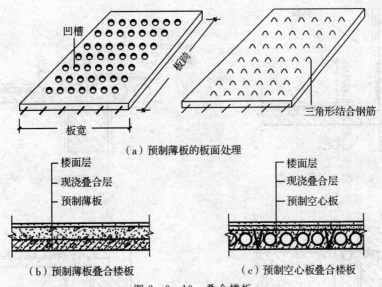

（a）预制薄板的板面处理

（b）预制薄板叠合楼板　　　　　（c）预制空心板叠合楼板

图 2-3-13　叠合楼板

（二）密肋填充块楼板

密肋填充块楼板是用间距小的密肋小梁做成的构件,小梁间用轻质砌块填充,并在上面整浇面层而形成的楼板。小梁有现浇和预制两种,目前采用较少。

四、楼板层的细部构造

（一）防水构造

1. 排水

为便于排水,楼面应有一定的坡度,将积水引向地漏。排水坡度(i)一般为 $1\% \sim 1.5\%$。另外,有水房间的地面标高应低于周围其他房间 $20 \sim 30\,\text{mm}$,也可在同一标高,只是在门口处做高为 $20 \sim 30\,\text{mm}$ 的门槛,以防止水多或地漏不通畅时,积水外泄。

2. 防水

有防水要求的楼层,楼板以现浇钢筋混凝土楼板为宜,面层采用整体现浇水泥砂浆、水磨石或瓷砖等防水较好的材料,为了提高防水质量,还应在楼板与面层之间设置防水层。常见的材料有防水卷材、防水砂浆、防水涂料等,为防止房间四周墙脚受水,应将防水层沿周边向上延续至少 $150\,\text{mm}$,如图 2-3-14(a)所示。到门口处,应将防水层向外延伸 $250\,\text{mm}$ 以上,如图 2-3-14(b)所示。

当竖向管道穿越楼面时,也容易产生渗漏,工程上处理方法一般有两种:对于冷水管道穿越的周围,用 C20 干硬性细石混凝土填实,再用两布二油橡胶酸性沥青防水涂料做密封处理,如图 2-3-14(c)所示;对于热水管道,先在楼板层热水管通过处预埋管径比立管稍大的套管,套管高出地面 $30\,\text{mm}$,并在缝隙内填塞弹性防水材料,如图 2-3-14(d)所示。

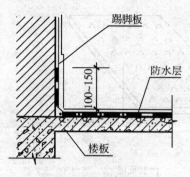

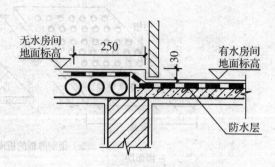

（a）防水层沿周边上卷　　　　　　　　　（b）防水层向无水房间延伸

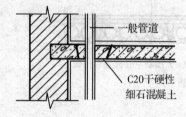

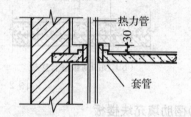

（c）一般管穿越楼层　　　　　　　　　　（d）热力管穿越楼层

图 2-3-14　楼板层防水处理

（二）顶棚构造

1.直接式顶棚

直接式顶棚是直接在钢筋混凝土屋面板或楼板下表面直接喷浆、抹灰或粘贴装修材料的一种构造方法,如图 2-3-15 所示。

当板底平整时,可直接喷、刷大白浆或 106 涂料;当楼板结构层为钢筋混凝土预制板时,可用 1:3 水泥砂浆填缝刮平,再喷刷涂料。这类顶棚构造简单,施工方便,常用于装饰要求不高的一般建筑。

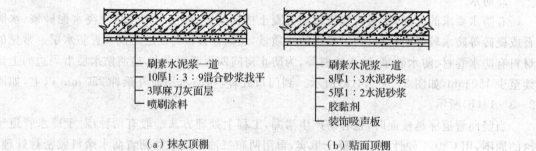

（a）抹灰顶棚　　　　　　　　　　（b）贴面顶棚

图 2-3-15　直接式顶棚构造

2.吊顶棚

吊顶棚是指悬挂在屋顶或楼板下,由骨架和面板所组成的顶棚。

吊顶龙骨分为主龙骨与次龙骨,主龙骨为吊顶的承重结构,次龙骨则是吊顶的基层。按吊顶龙骨的材料可分为木骨架和金属骨架两类。

主龙骨通过吊筋固定在楼板结构上,如图 2-3-16 所示。次龙骨用同样的方法固定在主龙骨上。主龙骨断面比次龙骨大,间距约为 2 m。悬吊主龙骨的吊筋为 $\phi 8 \sim \phi 10$ 钢筋,间距不超过 2 m。次龙骨间距视面层材料而定,间距一般不超过 600 mm。

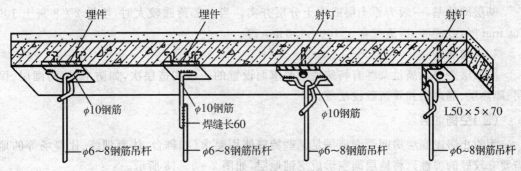

图 2-3-16 吊顶与楼板的固定方式

吊顶面板分为抹灰面层和板材面层两大类。抹灰面层为湿作业施工,费工费时;板材面层,既可加快施工速度,又容易保证施工质量。

3.3 地坪层的构造

一、地坪层的构造组成

地坪层是指建筑物底层房间与土层的交接处。所起的作用是承受地坪上的荷载,并均匀地将荷载传给地坪以下土层。按地坪层与土层间的关系不同,地坪层可分为实铺地层和空铺地层两类。

(一)实铺地层

地坪的基本组成部分有面层、垫层和基层,对有特殊要求的地坪,常在面层和垫层之间增设一些附加层,如图 2-3-17 所示。

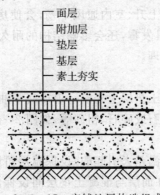

2-3-17 实铺地层构造组成

1.面层

地坪的面层又称地面,起着保护结构层和美化室内的作用。地面的做法和楼面相同。

2.垫层

垫层是基层和面层之间的填充层,其作用是承重传力,一般采用 60～100 mm 厚的 C10 混凝土垫层。垫层材料分为刚性和柔性两大类。刚性垫层如混凝土、碎砖三合土等,有足够的整体刚度,受力后不产生塑性变形,多用于整体地面和小块块料地面。柔性垫层如砂、碎石、炉渣等松散材料,无整体刚度,受力后产生塑性变形,多用于块料地面。

3.基层

基层即地基,一般为原土层或填土分层夯实。当上部荷载较大时,增设2∶8灰土100~150 mm厚,或碎砖、道渣三合土100~150 mm厚。

4.附加层

附加层主要是满足某些有特殊使用要求而设置的一些构造层次,如防水层、防潮层、保温层、隔热层、隔声层和管道敷设层等。

(二)空铺地层

为防止房屋底层房间受潮或满足某些特殊使用要求(如舞台、体育训练、比赛场等的地层需要有较好的弹性),将地层架空形成空铺地层,如图2-3-18所示。

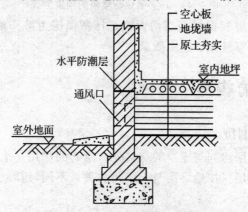

图2-3-18 实铺地层构造组成

二、地坪层防潮构造

房屋底层地面受潮或因水位上升、室内通风不畅,会使房间湿度比较大,严重影响房间的温、湿度和卫生,造成墙地面、家具发霉,还会影响结构的耐久性、美观和人体健康,所以要对可能受潮的房间进行必要的防潮处理。

1.设防潮层

防潮层的具体做法是在混凝土垫层上先刷一道冷底子油,然后铺热沥青或防水涂料,也可以在垫层下铺一层粒径均匀的软石或碎石、粗砂等,如图2-3-19(a)、(b)所示。

2.设保温层

室内湿气大多是因为室内外温差大引起的,设保温层可降低温差,对防潮也起一定作用。具体做法是在地下水位高地区,在面层与混凝土垫层间设保温层,并在保温层下做防水层;在地下水位低、土壤较干燥的地区,可在垫层下铺一层1∶3水泥炉渣或其他工业废料做保温层,如图2-3-19(c)、(d)所示。

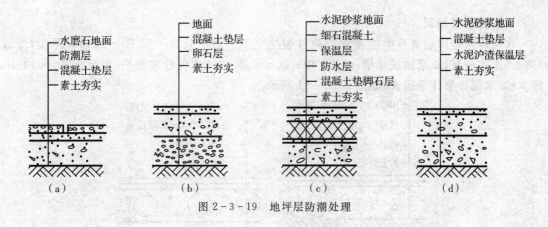

图 2-3-19　地坪层防潮处理

3.架空地层

为防止房屋底层房间受潮或满足某些特殊使用要求(如舞台、体育训练、比赛场等的地层需要有较好的弹性)将地层架空形成空铺地层,如图 2-3-20 所示。

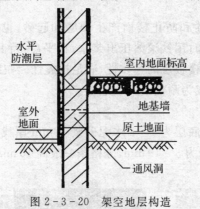

图 2-3-20　架空地层构造

3.4　地面的构造

楼板层的面层和地坪层的面层,在构造做法上是一致的,一般统称为地面。

一、地面的要求

地面是室内重要的装修层,设计时应满足下列要求:①具有足够的坚固性;②具有良好的保温性能;③具有一定的弹性;④具有较强的装饰性;⑤经济。

二、地面的构造

按面层所用材料和施工方式不同,常见地面做法可分为以下几类:

(一)整体地面

整体类地面是指现场浇筑的整片地面。常见的有水泥砂浆地面、细石混凝土地面、水磨石地面等。

1.水泥砂浆地面

水泥砂浆地面通常有单层和双层两种做法。单层做法只抹一层 20～25 mm 厚 1：2 或 1：2.5 水泥砂浆；双层做法是增加一层 10～20 mm 厚 1：3 水泥砂浆找平，表面再抹 5～10 mm 厚 1：2 水泥砂浆抹平压光，如图 2-3-21 所示。

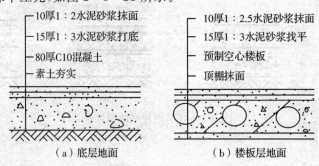

—10厚1：2水泥砂浆抹面
—15厚1：3水泥砂浆打底
—80厚C10混凝土
—素土夯实

—10厚1：2.5水泥砂浆抹面
—15厚1：3水泥砂浆找平
—预制空心楼板
—顶棚抹面

（a）底层地面　　　　　（b）楼板层地面

图 2-3-21　水泥砂浆地面构造

2.细石混凝土地面

为了增强楼板层的整体性和防止楼面产生裂缝和起砂，也可在混凝土垫层上做 30～40 mm 厚 C20 细石砼层，在初凝时用铁滚滚压出浆水，抹平后，待其终凝前用铁板压光。如在内配置 $\phi 4@200$，则可提高预制楼板层的整体性，满足抗震性。在细石混凝土内掺入一定量的三氯化铁，则可提高其抗渗性，成为耐油混凝土地面。

3.水磨石地面

水磨石地面为分层构造，底层为 1：3 水泥砂浆 18mm 厚找平，面层为（1：1.5）～（1：2）水泥石碴 12mm 厚，石碴粒径为 8～10 mm，分格条一般高 10 mm，用 1：1 水泥砂浆固定，如图 2-3-22 所示。

图 2-3-22　水磨石地面构造及效果图

（二）块材地面

块材地面是利用各种人造的和天然的预制块材、板材镶铺在基层上面而形成的地面。如陶瓷板块地面、石材类地面、木地面，如图 2-3-23、图 2-3-24 和图 2-3-25 所示。

按构造方式分，木地面有架空、实铺木地面和粘贴木地面三种。

实铺木地面是将木地板直接钉在钢筋混凝土基层上的木搁栅上。木搁栅为 50 mm×60 mm 方木，中距 400 mm，40 mm×50 mm 横撑，中距 1000 mm 与木搁栅钉牢。为了防腐，可在基层上刷冷底子油和热沥青,搁栅及地板背面满涂防腐油或煤焦油,如图2-3-24所示。

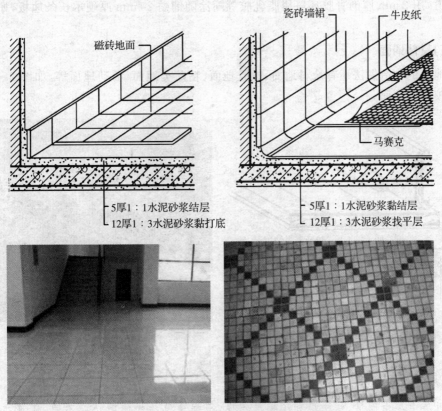

瓷砖墙裙　牛皮纸

磁砖地面

马赛克

5厚1:1水泥砂浆结层
12厚1:3水泥砂浆黏打底

5厚1:1水泥砂浆黏结层
12厚1:3水泥砂浆找平层

图2-3-23　磁砖、马赛克地面构造及效果图

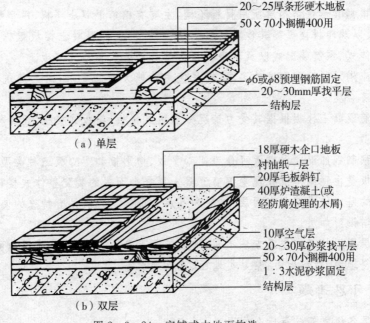

20~25厚条形硬木地板
50×70小搁栅400用
φ6或φ8预埋钢筋固定
20~30mm厚找平层
结构层

（a）单层

18厚硬木企口地板
衬油纸一层
20厚毛板斜钉
40厚炉渣凝土(或
经防腐处理的木屑)
10厚空气层
20~30厚砂浆找平层
50×70小搁栅400用
1:3水泥砂浆固定
结构层

（b）双层

图2-3-24　实铺式木地面构造

粘贴木地面的做法是先在钢筋混凝土基层上采用沥青砂浆找平,然后刷冷底子油一道,热沥青一道,用2 mm厚沥青胶环氧树脂乳胶等随涂随铺贴20 mm厚硬木长条地板,如图2-3-25所示。

(三)其他地面

楼地面的构造做法还有涂料地面、橡胶地面、粘贴类地面、活动地面等,如图2-3-26所示是橡胶铺的地面。

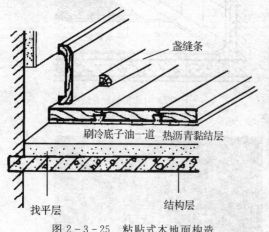

图2-3-25 粘贴式木地面构造

图2-3-26 橡胶地面

📖 本章小结

楼板层主要由面层、结构层和顶棚层组成,根据建筑物的使用功能不同,还可在楼板层中设置附加层。

楼板层根据其承重结构层所用材料不同,主要有钢筋混凝土楼板、压型钢板与混凝土复合楼板、木楼板以及砖拱楼板等其他材料楼板层。其中,钢筋混凝土楼板根据施工方式不同,可分为现浇整体式、预制装配式以及现浇和预制结合的装配整体式楼板。

楼板层应满足强度和刚度的要求,满足使用功能方面的要求,满足建筑工业化的要求,同时要考虑经济合理。

现浇钢筋混凝土楼板根据其受力情况分为板式楼板、梁板式楼板、无梁楼板以及压型钢板式楼板等。

常用的预制钢筋混凝土楼板可分为实心平板、槽形板和空心板三种类型。

叠合楼板是由预制楼板和现浇钢筋混凝土层叠合而成的装配整体式楼板。

地坪层的基本组成部分有面层、垫层和基层三部分。为满足有特殊的使用要求,常在面层和垫层之间增设附加层。

根据面层所用材料和施工方法不同,地面装修可分为几大类:整体类地面、块材类地面、木楼地面和涂料地面、塑料地面、粘贴类地面、活动地面等。

❓ 复习思考题

1.楼板层各组成部分有什么作用?

2.楼板层的设计要求有哪些?

3. 楼板层有哪些类型？它们各自有什么特点？

4. 什么是单向板？什么是双向板？它们在构造上各有什么特点？

5. 梁板式楼板的荷载如何传递？

6. 现浇钢筋混凝土梁板式楼板各构件的经济尺寸如何确定？

7. 常见的装配式钢筋混凝土楼板有哪些类型？各自有何特点？各适用于什么情况？

8. 预制板在墙上和梁上的搁置要求如何？预制板和板之间的缝隙如何处理？

9. 装配整体式钢筋混凝土楼板有何特点？

10. 地坪层由哪几部分组成？常见的地面装修有哪几种？

任务4　楼梯

学习目标

通过本章的学习,要求学生掌握楼梯的组成、类型、尺度及构造;熟悉楼梯踏步、栏杆、扶手等的细部构造及连接方式;熟悉台阶和坡道的形式、尺寸和构造;初步了解楼梯的设计要求。

引例

某建筑为六层砖混结构住宅楼,层高 3 m,室外设计标高为 −0.45 m,从室外进入楼内,并且到达每一楼层,需要走楼梯,此楼梯为双跑楼梯,为了满足人流通行和搬运家具,规范规定净空高度一般要求大于 2000 mm,梯段范围内净空高度应大于 2200 mm,若一层采用等跑形式的楼梯,第一个休息平台下的净空高度不满足要求,请你结合实际想一想应该如何处理?

4.1　楼梯认知

楼梯是楼房建筑中联系上下层的垂直交通设施,它起着满足人的通行、搬运家具物品、应付紧急疏散等作用。

一、楼梯的组成

楼梯一般由楼梯梯段、楼层平台和中间平台(包括平台梁)、栏杆或栏板三大部分组成,如图 2-4-1 所示。

1.楼梯段

楼梯段通常是由上面的踏步及下面梯段板(有时板的下方还有梁)所组成。踏步的水平面称为踏面,踏步的垂直面称为踢面。当人们连续走楼梯时,会感到疲劳,故规定一个梯段的踏步数一般不应超过 18 级,又由于人的习惯的原因,梯段的踏步数也不应小于 3 级。

楼梯段之间及楼梯段与平台之间的空间称为楼梯井。

2.平台和中间平台

平台是指连接楼地面与梯段端部的水平部分。中间平台是指每层楼梯中选的水平部分,它的作用是缓解上楼梯的疲劳,使人在平台上得到休息。

3.栏杆或栏板

为了保证人们在楼梯上行走安全,楼梯段和平台的临空边缘应安装栏杆或栏板。栏杆或栏板上部有扶手。

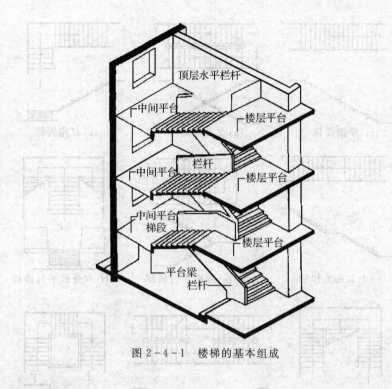

图 2-4-1 楼梯的基本组成

二、楼梯的类型

（1）按材料不同，楼梯可划分为钢筋混凝土楼梯、木楼梯、钢楼梯、组合材料楼梯。

（2）按位置不同，楼梯可划分为室内楼梯、室外楼梯。

（3）按使用性质不同，楼梯可划分为主要楼梯、辅助楼梯、疏散楼梯及消防楼梯。

（4）按照楼梯的平面形式不同，楼梯可划分为单跑楼梯、交叉式楼梯、双跑折梯、双跑直楼梯等，如图 2-4-2 所示。

①直跑式楼梯，见图 2-4-2(a)、(d)，其所占楼梯间的宽度（开间）较小，长度较大，常用于住宅等层高较小的房屋。

②双跑平行楼梯，是采用最多的一种楼梯形式，见图 2-4-2(e)，因第二跑梯段折回，所以该梯所占梯间长度（进深）较小，与一般房间的进深大体一致。这种楼梯形式便于进行房屋平面的组合，所以采用广泛。

③双分式和双合式楼梯，见图 2-4-2(f)、(g)，相当于两个双跑式楼梯合并在一起，常用于公共建筑。双分式是从下往上的第一跑式楼梯为一个较宽的梯段，再往上的第二跑式楼梯为两个较窄的梯段分列左右。双合式是第一跑分为两个较窄的梯段，转折后合并为一个宽的梯段。

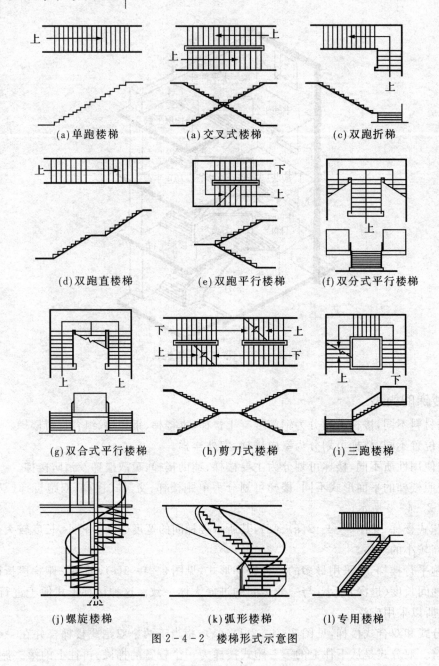

(a)单跑楼梯　　(a)交叉式楼梯　　(c)双跑折梯

(d)双跑直楼梯　　(e)双跑平行楼梯　　(f)双分式平行楼梯

(g)双合式平行楼梯　　(h)剪刀式楼梯　　(i)三跑楼梯

(j)螺旋楼梯　　(k)弧形楼梯　　(l)专用楼梯

图 2-4-2　楼梯形式示意图

④三跑式楼梯,见图 2-4-2(i),一般用于接近方形的公共建筑的楼梯间中。

⑤弧线形、螺旋形等曲线楼梯,见图 2-4-2(k)、(j),多用于美观要求较高的公共建筑。

⑥剪刀式楼梯,见图 2-4-2(h),相当于两个双跑梯对接,多用于人流量大的公共建筑。

⑦交叉式楼梯,见图 2-4-2(b),相当于两个直跑梯交叉设置。

三、楼梯的尺度

1. 楼梯的坡度

楼梯的坡度是指楼梯段的坡度。坡度是指斜面、直线与水平面的倾斜程度,它有两种表示：一种是用斜面和水平面所夹的角度表示；另一种是用斜面的垂直投影高度与斜面的水平投影长度之比来表示。楼梯的坡度通常在 20°～45°之间，即 1/2.75～1/1。

坡度小于 20°时，楼梯采用坡道的形式。坡度大于 45°时，上下楼梯费力，必须手持扶手来行走、攀爬，这种楼梯称为爬梯，多用于生产性建筑，在民用建筑中常用作屋面检修梯。

公共建筑的楼梯使用人数较多，故坡度应该比较平缓，一般常用值为 1/2 左右。住宅建筑的楼梯使用人数较少，坡度可以稍陡，常用值为 1/1.5 左右。当楼梯坡度较陡时，可以减少楼梯段的水平投影长度，减少楼梯间的长度（进深），减少占地面积。

楼梯、坡道、爬梯的坡度范围如图 2-4-3 所示。

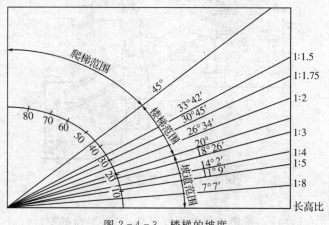

图 2-4-3　楼梯的坡度

2.踏步尺寸

楼梯的坡度决定于踏步的宽高尺寸。为了行走自如、轻松，踏面宽在 300 mm 时，人的脚可以全部落在踏面上；当踏面宽减小时，由于脚跟会悬空，使人行走不便。一般楼梯的路面宽度不宜小于 250 mm。踏面高度取决于踏面宽度，踏面高度与踏面宽度之和又与人行走的平均步距有关，通常可按下列经验公式计算踏步尺寸：

$$2h+b=600～620 \text{ mm} \quad 或 \quad h+b=450 \text{ mm}$$

式中：h——踏步的踏面高度；

　　b——踏步的踏面宽度。

当踏步尺寸较小时，可以采取加做踏步檐或使梯面倾斜的方式加宽踏面，如图 2-4-4 所示。

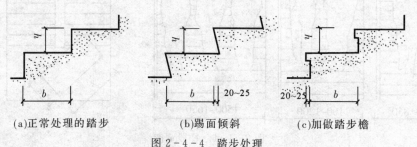

(a)正常处理的踏步　　　　(b)踢面倾斜　　　　(c)加做踏步檐

图 2-4-4　踏步处理

3.扶手高度

室内楼梯的扶手高度自踏步前缘线量起不宜小于 0.90 m。靠楼梯井一侧水平扶手超过 0.50 m 时,其高度不应小于 1.0 m。栏杆应采用不易攀爬的构造,竖向栏杆间的净距不应大于 0.11 m;考虑幼儿使用的楼梯扶手高为 500～600 mm,如图 2-4-5 所示。

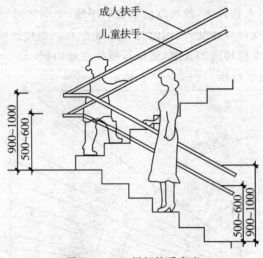

图 2-4-5 栏杆扶手高度

4.楼梯的宽度

楼梯的宽度尺寸有两项:一是楼梯段的宽度尺寸;二是平台的宽度尺寸。楼梯的宽度尺寸是由建筑物的层数、使用人数、耐火等级及防火规范要求综合确定的。

按防火规范,楼梯净宽在医院建筑中不应小于 1.30 m,在住宅建筑中不应小于 1.10 m,在其他建筑中不应小于 1.20 m。但在不超过六层的单元式住宅中一边设有栏杆的梯段净宽可不小于 1.0 m。

楼梯段净宽度除应符合上述规定外,供日常主要交通用的公共楼梯的梯段净宽,应根据建筑物的使用特征,一般按每股人流宽为 0.55＋(0～0.15) m 的人流股数确定,并应不少于两股人流,公共建筑中人流众多的场所应取上限值。

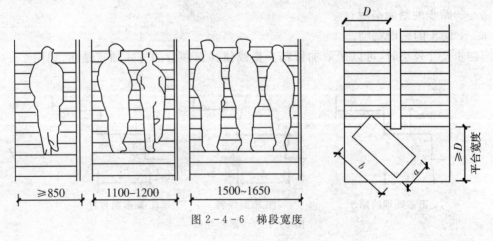

图 2-4-6 梯段宽度

平台扶手处的最小宽度不应小于梯段净宽度。当有搬运大型物件需要时,应适量加宽,如

图 2-4-6 所示。

梯段或平台的净宽是指扶手中心线间的水平距离或墙面至扶手中心线的水平距离。

楼梯两梯段间的间隙形成楼梯井,楼梯井的宽度 60～200 mm 为宜。

5. 楼梯的净空高度

楼梯的净空高度(简称净高)包括梯段的净高和平台过道处净高两项内容。楼梯平台上、下部过道处的净高不应小于 2 m,公共建筑不应小于 2.20 m。楼梯段的净高是指从踏步前缘线(包括最低和最高一级踏步前缘线以外 300 mm 范围内)量至上方凸出物下缘间的铅垂高度,这个高度应保证人们行走、搬运物品不受影响,最好是以人的上肢上伸不触及上部结构为好,它的高度规范规定不小于 2.20 m,如图 2-4-7 所示。

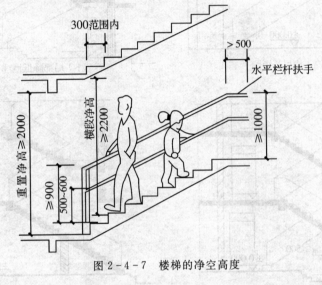

图 2-4-7　楼梯的净空高度

当楼梯底层中间平台下设置通道时,如净空高度不够,可采取下列处理方法:

(1)将底层第一梯段加长,形成级数不等的梯段,如图 2-4-8(a)所示。

(2)局部降低底层中间平台下地坪标高,使其低于底层室内地坪标高±0.000 而高于室外地坪标高,以满足净空高度要求,如图 2-4-8(b)所示,同时可保持等跑式梯段。

(3)综合以上两种方式,在采取长短跑梯段的同时,又适当降低底层中间平台下地坪标高,如图 2-4-8(c)所示。这种处理方式可兼有前两种方式的优点,并弱化其缺点。

(4)底层用直行单跑式或直行双跑式楼梯直接从室外上二层,如图 2-4-8(d)所示。这种方式常用于南方住宅建筑,设计时需注意入口处雨篷底面标高的位置,保证净空高度在2.2 m以上。

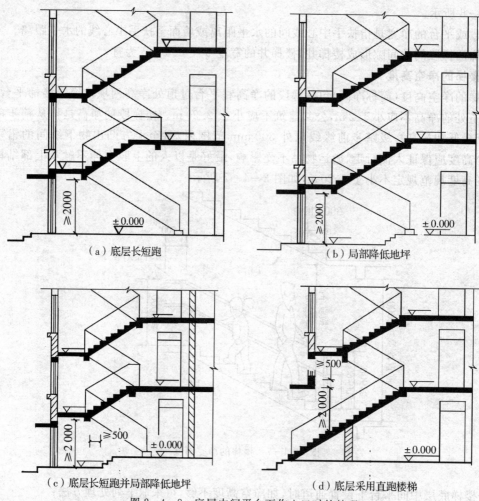

（a）底层长短跑　　　　　　　　　　（b）局部降低地坪

（c）底层长短跑并局部降低地坪　　　　（d）底层采用直跑楼梯

图 2-4-8　底层中间平台下作入口时的处理

4.2　现浇钢筋混凝土楼梯构造

　　楼梯按使用材料分为木楼梯、钢筋混凝土楼梯、钢楼梯和组合材料楼梯。钢筋混凝土楼梯具有强度高、耐久性好、防火性能优越等优点，因此，目前被广泛应用。

　　钢筋混凝土楼梯按施工方式可分为现浇式和预制装配式楼梯两类。由于预制装配式钢筋混凝土楼梯消耗钢材量大，安装构造复杂，整体性差，不利于抗震，在实际工程中运用很少，所以在此只介绍现浇式钢筋混凝土楼梯。现浇式楼梯适用性广，它的整体性好，有利于抗震，提高楼梯的安全性，但耗用模板、人工较多，且施工进度慢，造价高。

一、现浇钢筋混凝土楼梯的类型

　　现浇楼梯按梯段的传力特点分为板式楼梯和梁板式楼梯。

1.板式楼梯

　　板式楼梯是由梯段板、平台梁及平台板组成，如图2-4-9（a）所示。作用在梯段板上的荷载，直接传给平台梁，平台梁再将梯段和平台板的荷载传给两侧的墙上。该楼梯适用于梯段板跨度不大于3m的场合。当梯段板跨度较小时,亦可去掉与它连接的平台梁,形成折板梯,如图2-4-9(b)所示。

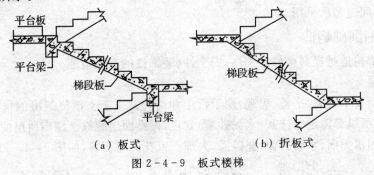

（a）板式　　　　　　　　（b）折板式

图2-4-9 板式楼梯

板式楼梯的底面平整,支模容易,施工方便,构造简单,便于装修。但板式楼梯的板厚一般较大,故混凝土用量较多,自重也较大,所以板式楼梯常用于楼梯荷载较小的住宅等建筑中。

2.梁板式楼梯

当梯段较宽或楼梯负载较大时,采用板式梯段往往不经济,需增加梯段斜梁(简称梯梁)以承受板的荷载,并将荷载传给平台梁,这种楼梯称为梁板式楼梯。

梁板式楼梯在结构布置上有双梁布置和单梁布置之分。楼梯梁在板下部的称正梁式梯段(明步楼梯),如图2-4-10(a)所示;为了使楼梯段底面平整和避免洗刷楼梯时污水下流,可将梯梁反到板的上面,这种称为反梁式梯段(暗步楼梯),如图2-4-10(b)所示。

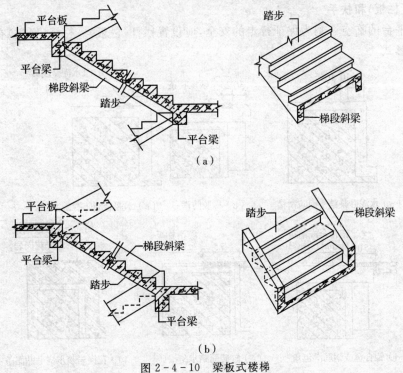

图2-4-10 梁板式楼梯

在梁板式结构中,单梁式楼梯是近年来公共建筑中采用较多的一种结构形式。这种楼梯的每个梯段由一根梯梁支承踏步。楼梯梁布置有两种方式：一种是单梁悬臂式楼梯，另一种是单梁挑板式楼梯。单梁楼梯受力复杂，楼梯梁不仅受弯，而且受扭。但这种楼梯外形轻巧、美观，常为建筑空间造型所采用。

二、楼梯的细部构造

楼梯的细部构造是提高楼梯耐久性、安全性、装饰性的必要措施。

1.踏步面层

踏步的表面要求耐磨、平整、美观，便于行走和清扫。由于支模浇筑出的楼梯构件表面不可能完全平整，所以都需进行抹灰（水泥砂浆）处理，再做面层装修。踏步面层的装修做法可根据装修标准选用水泥面、水磨石面、瓷砖面、大理石或花岗石面等，如图2-4-11所示。

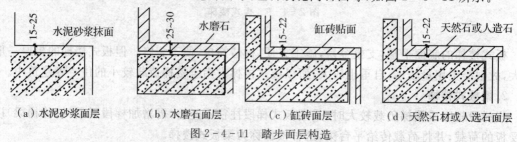

（a）水泥砂浆面层　（b）水磨石面层　（c）缸砖面层　（d）天然石材或人造石面层

图2-4-11　踏步面层构造

为了防止行人摔倒，宜在踏步前缘设置防滑条，防滑条的两端应距墙面或栏杆留出不小于120mm的空隙，以便冲洗和清扫垃圾。防滑条的材料应耐磨、美观、行走舒适，常用水泥铁屑、水泥金刚砂、铸铁、铜、铝合金、缸砖等，如图2-4-12所示。

2.栏杆（栏板）和扶手

梯段及平台的临空一侧为保证行走的安全，应设置栏杆（栏板）。栏杆（栏板）有镂空、板式及混合三种形式。

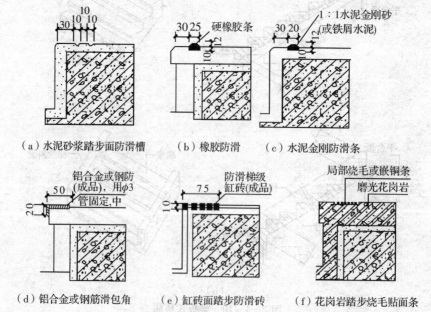

（a）水泥砂浆踏步面防滑槽　（b）橡胶防滑　（c）水泥金刚防滑条

（d）铝合金或钢筋滑包角　（e）缸砖面踏步防滑砖　（f）花岗岩踏步烧毛贴面条

图 2-4-12　踏步面防滑措施层构造及效果图

(1)镂空栏杆由杆件组成,如普通型钢、不锈钢、铝合金材料等,如图 2-4-13(a)所示。它可做成不同的造型,显得玲珑、剔透,有较强的装饰性。栏杆的杆件间距不应大于 110 mm,以防小孩不慎从杆间跌落。

(2)板式栏杆可由钢筋混凝土板、加筋的砖砌体、金属板及玻璃板等围合而成,如图 2-4-13(b)所示。在有振动的房屋及抗震设防地区不应采用无筋砖砌栏板。有时刚度较大的栏杆、栏板,还能发挥类似斜梁的作用,以加强梯段的整体性和刚度(刚度指抵抗变形的能力)。

(3)混合式栏杆分为两部分,下部为板式栏杆,上部为镂空栏杆,如图 2-4-13(c)所示。

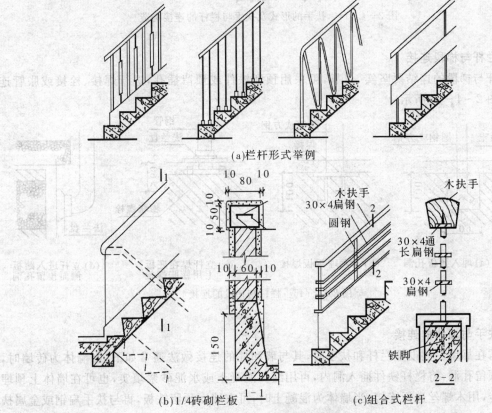

(a)栏杆形式举例

(b)1/4砖砌栏板　　(c)组合式栏杆

图 2-4-13　栏杆与栏板构造

栏杆、栏板的上端均设扶手,以满足行人依靠、扶握之需。其材料有硬木、钢管、塑料制品等,栏板上缘可做硬木扶手或抹水泥砂浆、做水磨石等。钢栏杆用木扶手及塑料扶手时,应该用木螺钉连接扶手与栏杆。钢栏杆与钢管扶手则焊接在一起。扶手类型及与栏杆的连接如图 2-4-14 所示。

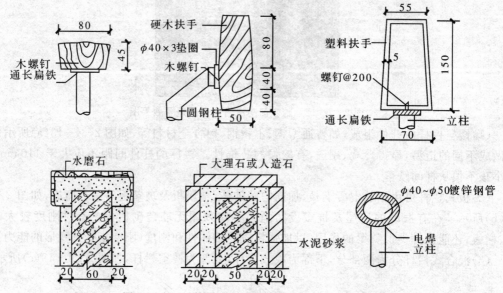

图 2-4-14　扶手的形式及扶手与栏杆的连接构造

3. 栏杆与梯段连接

栏杆与梯段的连结要坚实、可靠,可采用预埋铁件或预留插孔,进行焊接、栓接或胀管连接。如图 2-4-15 所示。

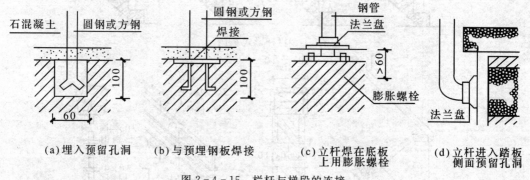

（a）埋入预留孔洞　　（b）与预埋钢板焊接　　（c）立杆焊在底板　　（d）立杆进入踏板
　　　　　　　　　　　　　　　　　　　　　　　　上用膨胀螺栓　　　侧面预留孔洞

图 2-4-15　栏杆与梯段的连接

4. 扶手与墙体的连接

当需在靠墙一侧设置栏杆和扶手时,其与墙和柱的连接做法通常如下:当墙体为砖墙时,在墙上预留孔洞,将栏杆铁件插入洞内,再用细石混凝土或水泥砂浆填实,也可在墙体上预埋防腐木砖,用木螺丝进行连接;当墙体为混凝土时,可在墙面预留铁板,再与扶手扁钢或金属扶手焊接固定。具体做法如图 2-4-16 所示。

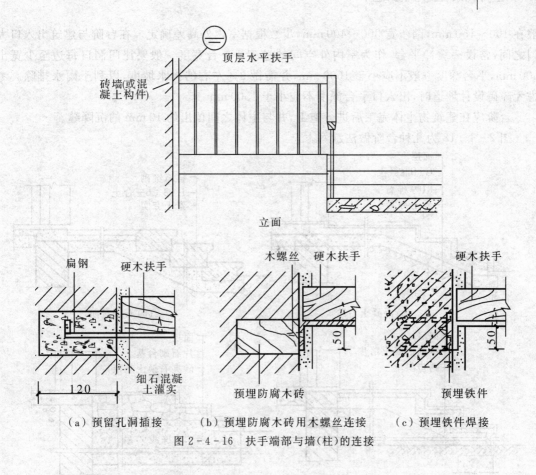

立面

（a）预留孔洞插接　　　（b）预埋防腐木砖用木螺丝连接　　　（c）预埋铁件焊接

图 2 - 4 - 16　扶手端部与墙（柱）的连接

4.3　室外台阶与坡道

由于室内外地坪存在高差，需要在建筑出入口处设置室外台阶与坡道作为建筑室内外的过渡。一般建筑物多采用台阶，当有车辆通行或室内外高差较小时，可采用坡道，有时会把台阶和坡道共同设置。

一、室外台阶

台阶的平面形式多种多样，应当与建筑的级别、功能及周围的环境相适应。常见的台阶形式有单面踏步、两面踏步、三面踏步及单面踏步带花池或花台等，如图 2 - 4 - 17 所示。

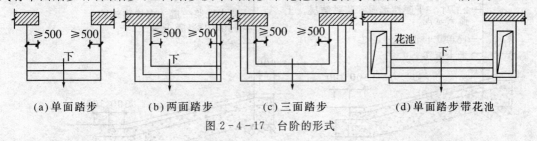

(a)单面踏步　　　(b)两面踏步　　　(c)三面踏步　　　(d)单面踏步带花池

图 2 - 4 - 17　台阶的形式

台阶处于室外，踏步宽度应比楼梯大一些，使坡度平缓，以提高行走舒适度。其踏步高一般在 100～150 mm,踏步宽 300～400 mm,步数根据室内外高差确定。在台阶与建筑出入口大门之间,常设一缓冲平台,作为室内外空间的过渡。平台宽度一般要比门洞口每边至少宽出 500 mm,平台深度一般不应小于 1000 mm,并需做 3‰左右的排水坡度,以利于雨水排除。考虑无障碍设计坡道时,出入口平台深度不应小于 1500 mm。

台阶应在建筑物主体完工后进行施工,并与主体之间留出约 10 mm 的沉降缝。

图 2-4-18 为几种台阶做法示例。

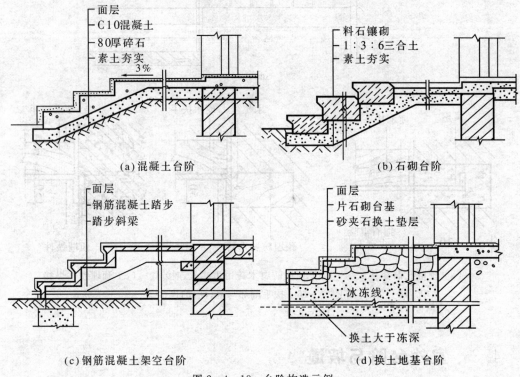

(a) 混凝土台阶 (b) 石砌台阶

(c) 钢筋混凝土架空台阶 (d) 换土地基台阶

图 2-4-18 台阶构造示例

二、坡道

坡道的构造与台阶基本相同,一般采用实铺,垫层的强度和厚度应根据坡道的长度及上部荷载大小进行选择。严寒地区垫层下部设置砂垫层。坡道地面应平整,面层宜选用防滑及不宜松动的材料,构造做法如图 2-4-19 所示。

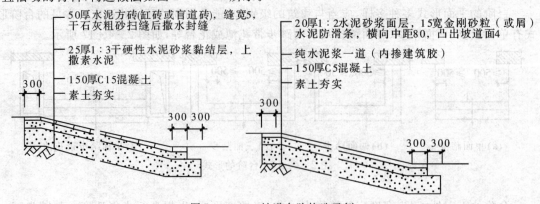

图 2-4-19 坡道台阶构造示例

📖 本章小结

楼梯、电梯和自动扶梯是建筑的垂直交通设施,虽然在有些建筑中电梯已成为主要的垂直交通设施,但楼梯要担负紧急情况下安全疏散的任务,是其他垂直交通设施不能替代的。

钢筋混凝土楼梯应用最广泛,按其施工方法不同可分为现浇和预制装配两大类。建筑中现浇钢筋混凝土楼梯居多,因此要掌握好现浇钢筋混凝土楼梯的构造要求。

台阶和坡道作为楼梯的一种特殊形式,在建筑中主要用于室内外有高差地面的过渡。

复习思考题

1. 常见的楼梯有哪些类型?

2. 楼梯由哪几部分组成? 各部分的作用是什么?

3. 楼梯的适宜坡度是多少?

4. 楼梯的净空高度有哪些规定?

5. 平行双跑楼梯底层中间平台下需设置通道时,为增加净高常采用哪些措施?

6. 现浇钢筋混凝土楼梯常见的结构形式有哪几种? 各有何特点?

7. 栏杆与踏步和扶手的连接构造如何? 栏杆扶手与墙和柱的连接构造如何?

9. 楼梯踏步的防滑措施有哪些?

10. 台阶的形式有哪几种? 台阶和坡道的构造如何?

任务 5 屋顶

学习目标

通过本章的学习,要求学生了解屋顶的类型和设计要求;掌握屋顶的排水方式和平屋顶的坡度形成方式;掌握平屋顶柔性防水和刚性防水的构造做法;熟悉瓦屋面的构造做法;了解坡屋顶防水、保温隔热的构造要求及做法。

引例

大家在日常生活中可能会发现,不同地区、不同功能的建筑有不同形式的屋顶,那么有哪些形式的屋顶呢? 下雨时会不会漏雨呢? 屋顶的具体构造是怎样的? 请观察实际工程,思考并讨论。

5.1 屋顶认知

一、屋顶的作用及要求

1. 屋顶的作用

屋顶也称为屋盖,它是建筑物最上部的承重和围护构件。屋顶作为围护构件,抵御自然界的风霜雪雨、太阳辐射、气候变化和其他外界的不利因素,使屋顶覆盖下的空间,有一个良好的使用环境。作为承重构件,屋顶要承受自重和屋顶上的各种荷载,并把这些荷载传递给墙体和柱,同时还起着对房屋上部的水平支撑作用。此外,屋顶的类型、色彩对建筑物的美观也至关重要。

2. 屋顶的要求

(1)要求屋顶起良好的围护作用,具有防水、保温和隔热性能。其中防止雨水渗漏是屋顶的基本功能要求,也是屋顶设计的核心。

(2)要求具有足够的强度、刚度和稳定性。要求屋顶能承受风、雨、雪、施工、上人等荷载,地震区还应考虑地震荷载对它的影响,满足抗震的要求,并力求做到自重轻、构造层次简单;就地取材、施工方便;造价经济,便于维修。

(3)满足人们对建筑艺术即美观方面的需求。屋顶是建筑造型的重要组成部分,中国古建筑的重要特征之一就是有变化多样的屋顶外形和装修精美的屋顶细部,现代建筑也应注重屋顶形式及其细部设计。

二、屋顶的类型

屋顶的类型很多,按屋顶的坡度和外形划分,有平屋顶、坡屋顶和其他形式屋顶,其中平屋顶和坡屋顶是目前应用最为广泛的形式。

1. 平屋顶

屋面坡度小于或等于10%的屋顶称为平屋顶。常用的坡度范围为2%~3%。平屋顶可以节省材料,扩大建筑空间,提高施工速度,同时屋顶上面可以作为固定的活动场所,如做成露台、屋顶花园、屋顶养鱼池等。平屋顶常见形式如图2-5-1所示。

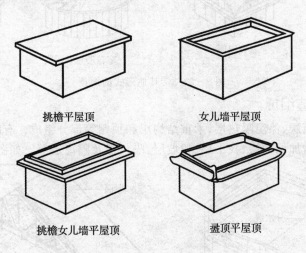

挑檐平屋顶　　　　　　女儿墙平屋顶

挑檐女儿墙平屋顶　　　　　盝顶平屋顶

图2-5-1　平屋顶常见形式

2. 坡屋顶

坡屋顶是屋面坡度较陡的屋顶,其坡度一般大于10%,常用坡度范围为10%~60%。坡屋顶是我国传统的建筑屋顶形式,在民用建筑中应用非常广泛,城市建设中某些建筑为满足美观或建筑风格的要求也常采用。坡平屋顶常见形式如图2-5-2所示。

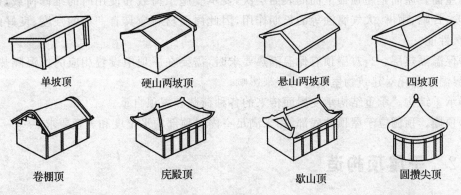

单坡顶　　　　硬山两坡顶　　　　悬山两坡顶　　　　四坡顶

卷棚顶　　　　庑殿顶　　　　歇山顶　　　　圆攒尖顶

图2-5-2　坡屋顶常见形式

3. 其他形式的屋顶

随着建筑科学的发展,出现了许多新型的空间结构形式,也相应地出现了许多新型的屋顶形式,如拱屋盖、薄壳屋盖、折板屋盖、悬索屋盖、网架屋盖等。这类屋顶多用于较大跨度的公共建筑,如图2-5-3所示。

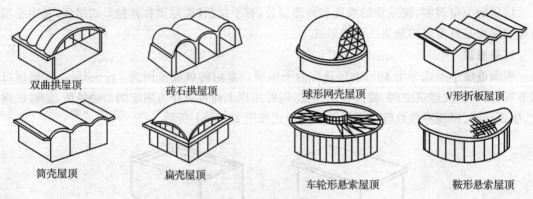

双曲拱屋顶　　　　砖石拱屋顶　　　　球形网壳屋顶　　　　V形折板屋顶

筒壳屋顶　　　　扁壳屋顶　　　　车轮形悬索屋顶　　　　鞍形悬索屋顶

图2-5-3　其他形式的屋顶

三、屋顶的构造组成

屋顶主要由屋面层、保温隔热层、承重结构层和顶棚等部分组成。有时由于建筑功能不同需要根据具体情况增加保护层、找平层、找坡层、隔气层及隔离层等。如图2-5-4所示。

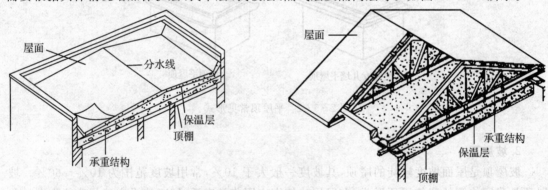

图2-5-4　屋顶组成

(1)屋面。屋面是屋顶最上面的表面层次,要承受施工荷载和使用时的维修荷载,以及自然界风吹、日晒、雨淋、大气腐蚀等的长期作用,因此屋面材料应具有一定的强度、良好的防水性和耐久性能。

(2)保温隔热层。当对屋顶有保温隔热要求时,需要在屋顶中设置相应的保温隔热层,以防止外界温度变化对建筑物室内空间带来影响。

(3)承重结构。承重结构承受屋面传来的各种荷载和屋顶自重。

(4)顶棚。顶棚位于屋顶的底部,用来满足室内对顶部的平整度和美观要求。

5.2　平屋顶构造

一、平屋顶的排水

(一)排水坡度的形成

1.构造找坡

构造找坡又称材料找坡、垫置坡度,是将屋面板水平搁置,然后在上面铺设炉渣等廉价轻质材料形成坡度。如图 2-5-5(a)所示。找坡层最薄处不宜小于 20 mm。它的特点是结构底面平整,容易保证室内空间的完整性,但垫置坡度不宜太大,否则会使找坡材料用量过大,增加屋顶荷载。

2. 结构找坡

结构找坡又叫搁置坡度,是将屋面板搁置在顶部倾斜的梁上或墙上形成屋面排水坡度的方法。如图 2-5-5(b)所示。它的特点是不需再在屋顶上设置找坡层,屋面其他层次的厚度也不变化,减轻了屋面荷载,施工简单,造价低,但不符合人们的使用习惯,所以该种方法在民用建筑中很少采用。

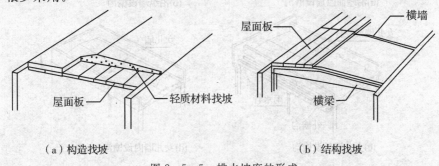

（a）构造找坡　　　　　　　（b）结构找坡

图 2-5-5　排水坡度的形成

(二)排水方式

1. 无组织排水

无组织排水又称自由落水,是将屋顶沿外墙挑出,形成挑檐,屋面雨水经挑檐自由下落至室外地坪的落水方式。无组织排水构造简单,造价低,不易漏雨和堵塞,适用于少雨地区和低层建筑;缺点是因雨水四处流淌,给人们带来不便,所以目前无组织排水方式使用得越来越少。

2. 有组织排水

有组织排水是将屋面雨水通过排水系统,进行有组织地排除。所谓排水系统是把屋面划分成若干排水区,使雨水有组织地排到天沟中,通过雨水口排至雨水斗,再经雨水管排到室外。有组织排水构造复杂,造价高,但雨水不会冲刷墙面,因而广泛被应用于各类建筑中。

按照雨水管的位置,有组织排水分为外排水和内排水两种。

外排水是指屋顶雨水由室外雨水管排到室外的排水方式。按照檐沟在屋顶的位置,外排水的檐口形式有沿屋面四周设檐沟、沿纵墙设檐沟、女儿墙外设檐沟、女儿墙内设檐沟等。如图 2-5-6 所示。

内排水是指屋顶雨水由设在室内的雨水管排到地下排水系统的排水方式。如图 2-5-7 所示。

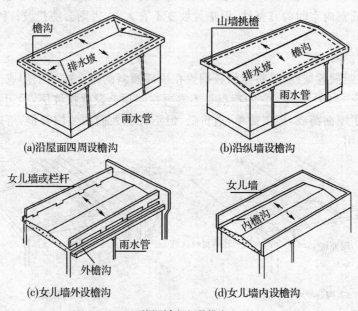

(a)沿屋面四周设檐沟　　　　　　　　(b)沿纵墙设檐沟

(c)女儿墙外设檐沟　　　　　　　　　(d)女儿墙内设檐沟

平屋顶有组织外排水

图 2-5-6　平屋顶有组织外排水

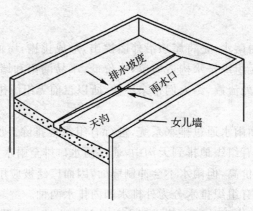

图 2-5-7　平屋顶有组织内排水

二、平屋顶的防水

平屋顶屋面防水层有柔性防水、刚性防水、涂料防水及粉剂防水等多种做法。在此主要介绍卷材防水、刚性防水两种做法。

(一)柔性防水屋面

1.柔性防水屋面的组成

柔性防水屋面,是指以防水卷材和黏结剂分层粘贴而构成防水层的屋面。柔性防水屋面所用卷材有沥青类卷材、高分子类卷材、高聚物改性沥青类卷材等。此类卷材适用于防水等级为Ⅰ~Ⅳ级的屋面防水。

油毡屋面在我国已有几十年的使用历史,具有较好的防水性能,对屋面基层变形有一定的适应能力,但这种屋面施工麻烦、劳动强度大,且容易出现油毡鼓泡、沥青流淌、油毡老化等方面的问题,使油毡屋面的寿命大大缩短,平均 10 年左右就要进行大修。

目前所用的新型防水卷材,主要有三元乙丙橡胶防水卷材、自粘型彩色三元乙丙复合防水卷材、聚氯乙烯防水卷材、氯化聚乙烯防水卷材、氯丁橡胶防水卷材以及改性沥青油毡防水卷材等,这些材料一般为单层卷材防水构造,防水要求较高时可采用双层卷材防水构造。这些防水材料的共同优点是自重轻,适用温度范围广,耐气候性好,使用寿命长,抗拉强度高,延伸率大,冷作业施工,操作简便,大大改善劳动条件,减少环境污染。

卷材防水屋面由多层材料叠合而成,其基本构造层次按构造要求由结构层、找坡层、保温层、找平层、结合层、防水层和保护层组成。如图 2-5-8 所示。

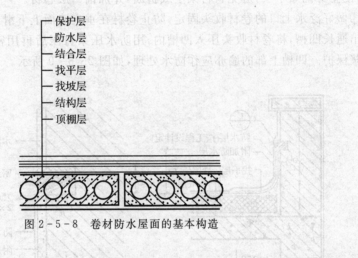

图 2-5-8 卷材防水屋面的基本构造

（1）结构层。结构层通常为预制或现浇钢筋混凝土屋面板,要求具有足够的强度和刚度。

（2）找坡层（结构找坡和材料找坡）。材料找坡应选用轻质材料形成所需要的排水坡度,通常是在结构层上铺 1:(6～8)的水泥焦渣或水泥膨胀蛭石等。

（3）找平层。卷材防水层要求铺贴在坚固而平整的基层上,以防止卷材凹陷或断裂,因而在松软材料上应设找平层;找平层的厚度取决于基层的平整度,一般采用 20 mm 厚 1:3 水泥砂浆,也可采用 1:8 沥青砂浆等。找平层宜留分隔缝,缝宽一般为 5～20 mm,纵横间距一般不宜大于 6 m。屋面板为预制时,分隔缝应设在预制板的端缝处,分隔缝上应附加 200～300 mm 宽卷材和胶黏剂单边点贴覆盖。

（4）结合层。结合层的作用是使卷材防水层与基层黏结牢固。结合层所用材料应根据卷材防水层材料的不同来选择。

（5）防水层。防水层是由胶结材料与卷材黏合而成,卷材连续搭接,形成屋面防水的主要部分。当屋面坡度较小时,卷材一般平行于屋脊铺设,从檐口到屋脊层层向上粘贴,上下搭接不小于 70 mm,左右搭接不小于 100 mm。

（6）保护层。不上人屋面保护层的做法如下:当采用油毡防水层时为粒径 3～6 mm 的小石子,称为绿豆砂保护层。绿豆砂要求耐风化、颗粒均匀、色浅;三元乙丙橡胶卷材采用银色着色剂,直接涂刷在防水层上表面;彩色三元乙丙复合卷材防水层直接用 CX—404 胶黏结,不需另加保护层。

上人屋面的保护层构造做法如下:通常可采用水泥砂浆或沥青砂浆铺贴缸砖、大阶砖、混凝土板等;也可现浇 40mm 厚 C20 细石混凝土。

2.卷材防水屋面细部构造

(1)泛水构造。突出于屋面之上的女儿墙、烟囱、楼梯间、变形缝、检修孔、立管等的壁面与屋顶的交接处是最容易漏水的地方。泛水指屋顶上沿所有垂直面所设的防水构造。泛水构造的要点及做法如下:

①将屋面的卷材继续铺至垂直墙面上,形成卷材泛水,泛水高度不小于 250 mm。

②在屋面与垂直女儿墙面的交接缝处,砂浆找平层应抹成圆弧形或 45°斜面,上刷卷材胶黏剂,使卷材铺贴牢实,避免卷材架空或折断,并加铺一层卷材。

③做好泛水上口的卷材收头固定,防止卷材在垂直墙面上下滑。一般做法如下:在垂直墙中凿出通长凹槽,将卷材收头压入凹槽内,用防水压条钉压后再用密封材料嵌填封严,外抹水泥砂浆保护。凹槽上部的墙亦应作防水处理,如图 2-5-9 所示。

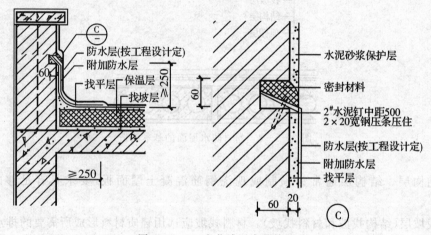

图 2-5-9 女儿墙泛水的构造

(2)檐口构造。柔性防水屋面的檐口构造有无组织排水挑檐和有组织排水挑檐沟及女儿墙檐口等,挑檐和挑檐沟构造都应注意处理好卷材的收头固定、檐口饰面并做好滴水处理。女儿墙檐口构造的关键是泛水的构造处理,其顶部通常做混凝土压顶,并设有坡度坡向屋面。如图 2-5-10 所示。

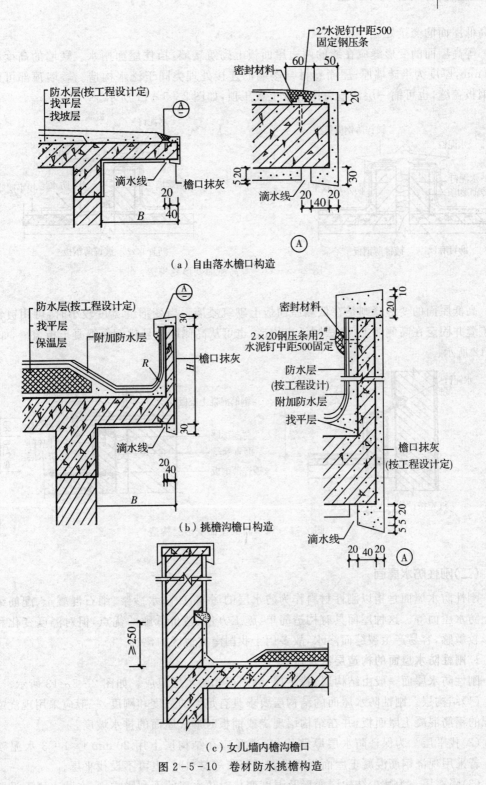

（a）自由落水檐口构造

（b）挑檐沟檐口构造

（c）女儿墙内檐沟檐口

图 2-5-10　卷材防水挑檐构造

　　(3)屋面变形缝构造。屋面变形缝的构造处理原则是既要保证屋盖有自由变形的可能,又要能防止雨水经由变形缝渗入室内。屋面变形缝按建筑设计可设在同层等高屋面上,也可设在高低屋面的交接处。

等高屋面的变形缝应在缝的两边屋面板上砌筑矮墙,挡住屋面雨水。矮墙的高度应大于250 mm,厚度为半砖墙厚;屋面卷材与矮墙的连接处理类同于泛水构造。矮墙顶部可用镀锌薄钢板盖缝,也可铺一层油毡后用混凝土板压顶,如图2-5-11所示。

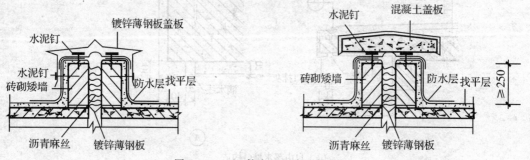

图2-5-11 等高屋面变形缝构造

高低屋面的变形缝则是在低侧屋面板上砌筑矮墙。当变形缝宽度较小时,可用镀锌薄钢板盖缝并固定在高侧墙上,做法同泛水构造;也可从高侧墙上悬挑钢筋混凝土板盖缝,如图2-5-12所示。

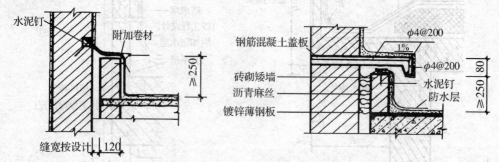

图2-5-12 高低屋面变形缝构造

(二)刚性防水屋面

刚性防水屋面是指以刚性材料作为防水层的屋面,如防水砂浆、细石混凝土、配筋细石混凝土防水屋面等。这种屋面具有构造简单、施工方便、造价低廉的优点,但对温度变化和结构变形较敏感,容易产生裂缝而渗水,故多用于我国南方地区的建筑。

1.刚性防水屋面的构造层次及做法

刚性防水屋面一般由结构层、找平层、隔离层和防水层组成。如图2-5-13所示。

(1)结构层。刚性防水屋面的结构层要求具有足够的强度和刚度,一般应采用现浇或预制装配的钢筋混凝土屋面板,并在结构层现浇或铺板时形成屋面的排水坡度。

(2)找平层。为保证防水层厚薄均匀,通常应在结构层上用20 mm厚1:3水泥砂浆找平。若采用现浇钢筋混凝土屋面板或设有纸筋灰等材料时,也可不设找平层。

(3)隔离层。为减少结构层变形及温度变化对防水层的不利影响,宜在防水层下设置隔离层。隔离层可采用纸筋灰、低强度等级砂浆或薄砂层上干铺一层油毡等形式。当防水层中加有膨胀剂类材料时,其抗裂性有所改善,也可不做隔离层。

(4)防水层。常用配筋细石混凝土防水屋面的混凝土强度等级应不低于 C20,其厚度宜不小于 40 mm,双向配置 φ4～φ6.5 钢筋,间距为 100～200 mm 的双向钢筋网片。为提高防水层的抗渗性能,可在细石混凝土内掺入适量外加剂(如膨胀剂、减水剂、防水剂等),以提高其密实性能。

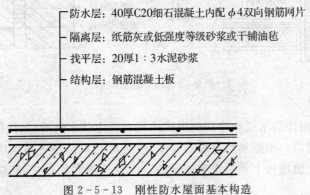

防水层: 40厚C20细石混凝土内配 φ4双向钢筋网片

隔离层: 纸筋灰或低强度等级砂浆或干铺油毡

找平层: 20厚1:3水泥砂浆

结构层: 钢筋混凝土板

图 2-5-13　刚性防水屋面基本构造

2.刚性防水屋面细部构造

刚性防水屋面的细部构造包括屋面防水层的分格缝、泛水、檐口、雨水口等部位的构造处理。

(1)屋面分格缝。屋面分格缝实质上是在屋面防水层上设置的变形缝。其目的在于:防止温度变形引起防水层开裂;防止结构变形将防水层拉坏。因此屋面分格缝的位置应设置在温度变形允许的范围以内和结构变形敏感的部位。一般情况下分格缝间距不宜大于 6 m。结构变形敏感的部位主要是指装配式屋面板的支承端、屋面转折处、现浇屋面板与预制屋面板的交接处、泛水与立墙交接处等部位。如图 2-5-14 所示。分格缝的构造要点如下:①防水层内的钢筋在分格缝处应断开;②屋面板缝用浸过沥青的木丝板等密封材料嵌填,缝口用油膏等嵌填;③缝口表面用防水卷材铺贴盖缝,卷材的宽度为 200～300 mm。

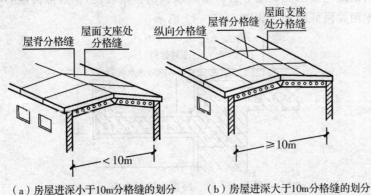

(a)房屋进深小于10m分格缝的划分　　(b)房屋进深大于10m分格缝的划分

图 2-5-14　刚性屋面分格缝的划分

(2)泛水构造。刚性防水屋面的泛水构造要点与卷材屋面基本相同。其不同的地方是刚性防水层与屋面突出物(女儿墙、烟囱等)之间必须留分格缝,另铺贴附加卷材盖缝形成泛水。如图 2-5-15 所示。

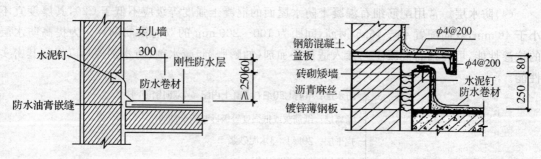

图 2-5-15 泛水构造

（3）檐口构造。刚性防水屋面檐口的形式一般有自由落水挑檐口、挑檐沟外排水檐口等。

①自由落水挑檐口。根据挑檐挑出的长度，有直接利用混凝土防水层悬挑和在增设的现浇或预制钢筋混凝土挑檐板上做防水层等做法。无论采用哪种做法，都应注意做好滴水。如图 2-5-16 所示。

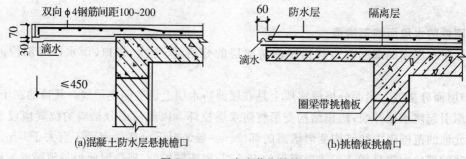

(a)混凝土防水层悬挑檐口   (b)挑檐板挑檐口

图 2-5-16 自由落水挑檐口

②挑檐沟外排水檐口。檐沟构件一般采用现浇或预制的钢筋混凝土槽形天沟板，在沟底用低强度等级的混凝土或水泥炉渣等材料垫置成纵向排水坡度，铺好隔离层后再浇筑防水层，防水层应挑出屋面并做好滴水。如图 2-5-17 所示。

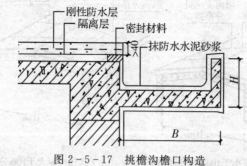

图 2-5-17 挑檐沟檐口构造

（4）雨水口构造。刚性防水屋面的雨水口有直管式和弯管式两种做法。直管式雨水口一般用于挑檐沟外排水的雨水口，弯管式雨水口用于女儿墙外排水的雨水口。

①直管式雨水口。直管式雨水口为防止雨水从雨水口套管与沟底接缝处渗漏，应在雨水口周边加铺柔性防水层并铺至套管内壁，檐口处浇筑的混凝土防水层应覆盖于附加的柔性防

水层之上,并于防水层与雨水口之间用油膏嵌实。如图 2-5-18 所示。

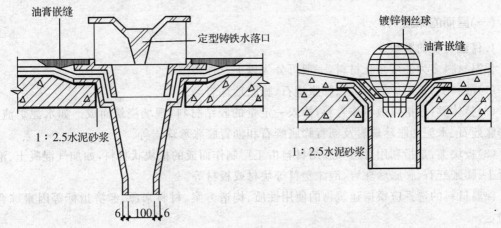

图 2-5-18 直管式雨水口构造

②弯管式雨水口。弯管式雨水口一般用铸铁做成弯头。雨水口安装时,在雨水口处的屋面应加铺附加卷材与弯头搭接,其搭接长度不小于 100 mm,然后浇筑混凝土防水层,防水层与弯头交接处需用油膏嵌缝。如图 2-5-19 所示。

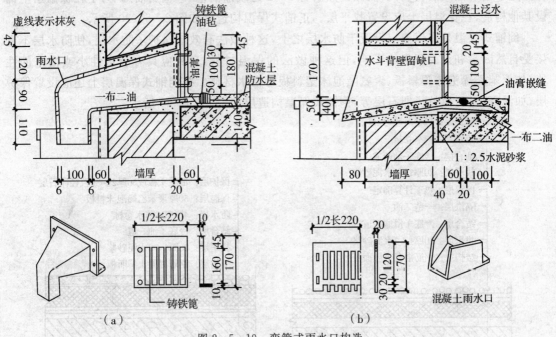

图 2-5-19 弯管式雨水口构造

三、平屋顶的保温与隔热

(一)屋顶的保温

1.保温材料的类型

保温材料多为轻质多孔材料,一般可分为以下三种类型:

(1)散料类:常用炉渣、矿渣、膨胀蛭石、膨胀珍珠岩等。

(2)整体类:是指以散料作骨料,掺入一定量的胶结材料,现场浇筑而成。如水泥炉渣、水泥膨胀蛭石、水泥膨胀珍珠岩及沥青膨胀蛭石和沥青膨胀珍珠岩等。

(3)板块类:是指利用骨料和胶结材料由工厂制作而成的板块状材料,如加气混凝土、泡沫混凝土、膨胀蛭石、膨胀珍珠岩、泡沫塑料等块材或板材等。

保温材料的选择应根据建筑物的使用性质、构造方案、材料来源、经济指标等因素综合考虑确定。

2.保温层的设置

在平屋顶的构造层中,保温材料的设置位置有正铺式和倒铺式两种。

正铺式保温是将保温材料层设置在结构层之上、防水层之下。正铺式保温层要求防水层有较好的防水性能,以确保保温材料不受潮。为了防止室内水蒸气透过结构层侵入保温层,在保温层下增设隔气层,其材料为涂刷热沥青1~2道或铺油毡(一毡二油)。为了在保温层上铺设其他构造,在保温层上应设置找平层。正铺式保温构造层如图2-5-20所示。

倒铺式保温是将保温层设置于防水层之上,这种做法有效地保护了防水层,使防水层不直接受自然因素和人为因素的影响,但这种做法的保温材料,自身应具有吸水性小或憎水的性能,如聚苯乙烯泡沫塑料板、聚氨酯泡沫塑料板等憎水材料。在倒铺式保温层上还应设置保护层,如混凝土板、粗粒径卵石层等,倒铺式保温构造层如图2-5-21所示。

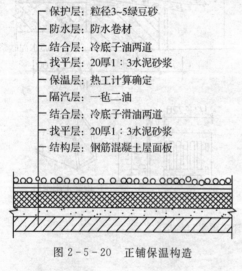

图2-5-20 正铺保温构造

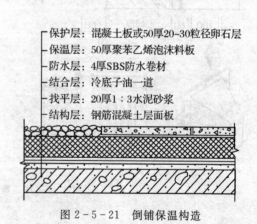

图2-5-21 倒铺保温构造

(二)屋顶的隔热

1.通风隔热屋面

通风隔热屋面是指在屋顶中设置通风间层,使上层表面起遮挡阳光的作用,利用风压和热压作用把间层中的热空气不断带走,以减少传到室内的热量,从而达到隔热降温的目的。通风隔热屋面一般有架空通风隔热屋面和顶棚通风隔热屋面两种做法。

(1)架空通风隔热屋面:通风层设在防水层之上,一般是砌砖或砖墩,然后在其上架空通风隔热屋面构造,其中以架空预制板或大阶砖最为常见。架空通风隔热层设计应满足以下要求:架空层应有适当的净高,一般以 180~240 mm 为宜;距女儿墙 500 mm 范围内不铺架空板;隔热板的支点砖垄墙或砖墩的间距视隔热板的尺寸而定。见图 2-5-22。

(2)顶棚通风隔热屋面:这种做法是利用顶棚与屋顶之间的空间作隔热层。顶棚通风隔热层设计应满足以下要求:顶棚通风层应有足够的净空高度,一般为 500 mm 左右;需设置一定数量的通风孔,以利于空气对流;通风孔应考虑防飘雨措施。

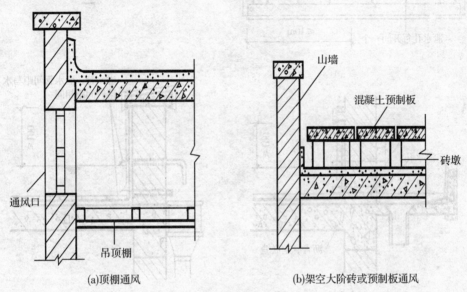

(a)顶棚通风   (b)架空大阶砖或预制板通风

图 2-5-22　架空通风隔热屋面

2.蓄水隔热屋面

蓄水屋面是指在屋顶蓄积一层水,利用水蒸发时需要大量的热量,从而大量消耗晒到屋面的太阳辐射热,以减少屋顶吸收的热能,从而达到降温隔热的目的。蓄水屋面构造与刚性防水屋面基本相同,主要区别是增加了"一壁三孔",即蓄水分仓壁、溢水孔、泄水孔和过水孔。蓄水隔热屋面构造应注意以下几点:合适的蓄水深度,一般为 150~200 mm;根据屋面面积划分若干蓄水区,每区的边长一般不大于 10 m;足够的泛水高度,至少高出水面 100 mm;合理设置溢水孔和泄水孔,并应与排水檐沟或水落管连通,以保证多雨季节不超过蓄水深度和检修屋面时能将蓄水排出;注意作好管道的防水处理。蓄水隔热屋面如图 2-5-23 所示。

3.种植隔热屋面

种植隔热屋面是在屋顶上种植植物,利用植被的蒸腾和光合作用,吸收太阳辐射,从而达到降温隔热的目的。种植隔热屋面如图 2-5-24 所示。

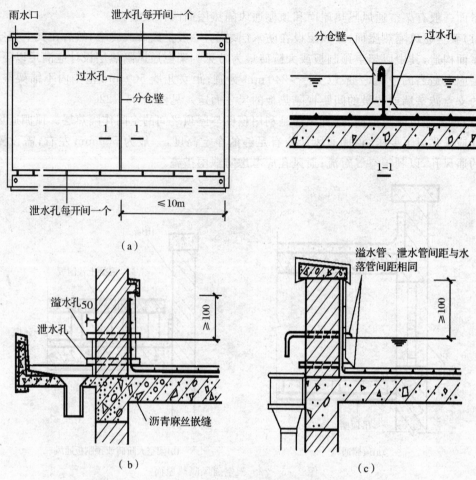

图 2-5-23 蓄水隔热屋面

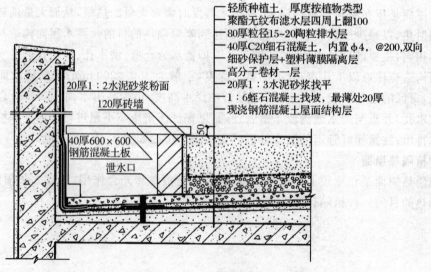

图 2-5-24 种植隔热屋面

4.反射降温

对于平屋顶还可利用表面保护材料的颜色和光滑度将太阳对屋顶的热辐射进行反射,达到反射降温的效果。例如屋顶采用浅色砾石铺面,或用白色涂料涂刷屋面,还可在屋顶的基层上加铺一层铝箔纸板,其隔热效果更加显著。反射降温如图 2-5-25 所示。

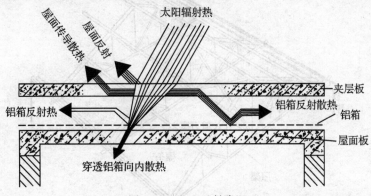

图 2-5-25　反射降温

5.3　坡屋顶构造

一、坡屋顶的承重方式

1.横墙承重

横墙承重就是将横墙上部按屋顶坡度要求砌成三角形,在墙上直接搁置檩条,形成屋顶支承,这种承重方式也称为硬山搁檩的方式。这种方式构造简单,施工方便,但开间受限制,只适用于民用住宅、旅馆等开间较小的建筑。如图 2-5-26 所示。

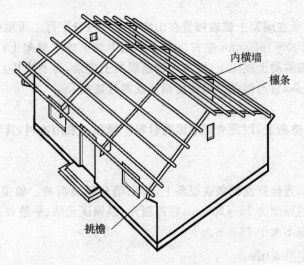

图 2-5-26　横墙承重

2.屋架承重

屋架又称桁架,搁置在建筑两侧的纵墙壁柱上,支承整个屋顶荷载,屋架可以用木材、钢材和钢筋混凝土制作,形状有三角形、梯形、拱形等。如图 2-5-27 所示。

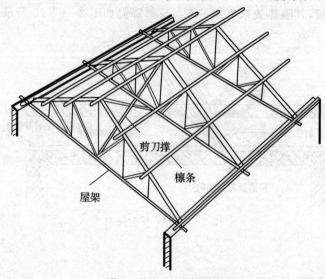

图 2-5-27 屋架承重

从图 2-5-27 中可以看出,用屋架支承整个屋顶,建筑内部空间布置灵活,可以获得任意要求的空间,为了防止屋架倾覆,并使它能承重和传递纵向水平力,在屋架之间必须设支撑,支撑有水平支撑、垂直支撑和水平系杆等。

二、坡屋顶的屋面承重基层

屋面承重基层主要用来承受屋面的各种荷载,一般包括有檩条、椽条、望板等。

1.檩条

檩条一般直接支承在屋架上弦或搁置在山墙上并与屋脊平行。所用材料有木材和钢筋混凝土等,间距一般在 700~1500 mm 左右。如支承在山墙上或木屋架上,则多用木檩条,断面为圆木;如支承在钢筋混凝土屋架上,则多用钢筋混凝土檩条,为了使其上部能钉木望板,故需在檩条顶面加设木垫条,它与檩条可用预留钢筋或螺栓连接。

2.椽条

椽条垂直搁置在檩条上,以此来支承屋面材料。椽条一般用木料,其与檩条的连接一般都用钢钉。

3.望板

望板也称屋面板,直接钉在檩条或椽条上,有密铺和稀铺两种。如望板下面不设顶棚时,望板一般密铺,望板的厚度为 15~20 mm,底部刨光,以保证光洁、平整和美观;稀铺的望板,下面一般设顶棚,其间隙不大于 75 mm。

三、坡屋顶的屋面构造

坡屋顶屋面一般利用各种瓦材,如平瓦、波形瓦、小青瓦等作为屋面防水材料。

1.冷摊瓦屋面

冷摊瓦屋面是在檩条上钉固定椽条,然后在椽条上钉挂瓦条并直接挂瓦形成的屋面,如图

2-5-28所示。

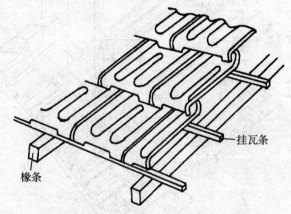

图2-5-28 冷摊瓦屋面

2.木望板平瓦屋面

木望板平瓦屋面是在檩条或椽木上钉木望板,木望板上干铺一层油毡,用顺水条固定后,再钉挂瓦条,然后挂瓦形成的屋面。如图2-5-29所示。

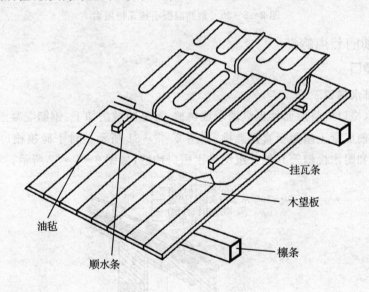

图2-5-29 木望板瓦屋面

3.钢筋混凝土挂瓦板屋面

将钢筋混凝土挂瓦板搁置在屋架或山墙上,再在挂瓦板上直接挂瓦,可得到平整的底平面。挂瓦板的形状为T形、门形或F形,并在板肋上有泄水孔以便排出雨水。这种屋面构造简单,节约木材,防水较好。如图2-5-30所示。

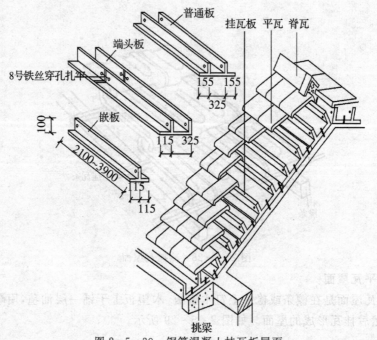

图 2-5-30　钢筋混凝土挂瓦板屋面

四、坡屋顶的节点构造

(一)纵墙檐口

1.无组织排水檐口

无组织排水檐口应将屋面伸出纵墙形成挑檐,常见的做法如下:钢筋混凝土板式结构坡屋顶,可由现浇钢筋混凝土屋面板直接悬挑,如图 2-5-31 所示。对于砖挑檐、木望板挑檐、木挑檐、椽条挑檐和附木挑檐等其他无组织排水檐口构造,如图 2-5-32 所示。

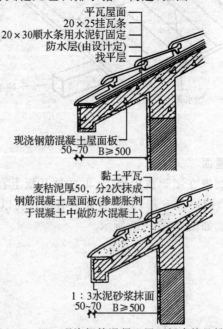

图 2-5-31　现浇钢筋混凝土屋面板直接悬挑

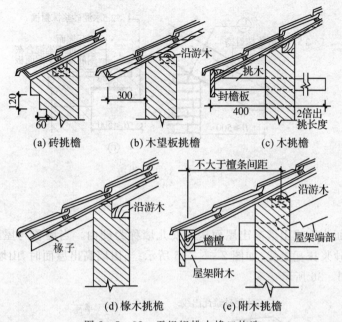

(a) 砖挑檐　　　(b) 木望板挑檐　　　(c) 木挑檐

(d) 椽木挑檐　　　(e) 附木挑檐

图 2-5-32　无组织排水檐口构造

2.有组织排水檐口

有组织排水檐口有挑檐沟和女儿墙内檐沟两种,其做法有镀锌铁皮檐沟和现浇钢筋混凝土檐沟、内檐沟等,如图 2-5-33 所示。

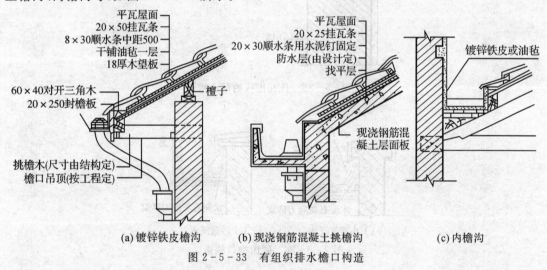

(a) 镀锌铁皮檐沟　　　(b) 现浇钢筋混凝土挑檐沟　　　(c) 内檐沟

图 2-5-33　有组织排水檐口构造

(二)山墙檐口

两坡屋顶山墙檐部的构造有悬山和硬山两种形式。

1.悬山

悬山是把屋面挑出山墙的做法,一般都是用檩条挑出。为了使屋面能有整齐地收头和不漏水,通常用封檐板封设,下部做顶棚,这时封檐板也称做博风板或封山板,并将该处的瓦片用水泥石灰混合砂浆窝牢,用 1∶25 的水泥砂浆抹封檐。如图 2-5-34 所示。

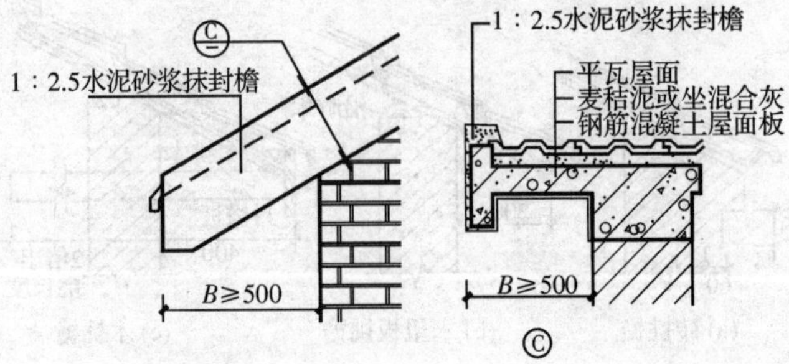

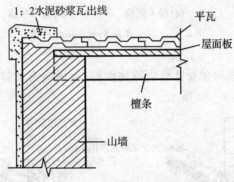

图 2-5-34　山构造

2. 硬山

山墙砌至屋面收头或山墙高出屋面构成女儿墙称为硬山。当墙顶与屋面平齐,瓦片要盖过山墙并用混合砂浆抹瓦出线,如图 2-5-35 所示;当山墙高出屋面时,山墙和屋面交接处要做泛水,如图 2-5-36 所示。

图 2-5-35　抹瓦出线的硬山构造

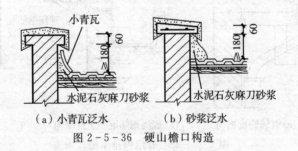

（a）小青瓦泛水　　　（b）砂浆泛水

图 2-5-36　硬山檐口构造

(三)屋脊、天沟、斜沟构造

坡屋面中两个斜面相交的阳角处做屋脊,上面放脊瓦。如图 2-5-37 所示。

坡屋面中两个斜面相交的阴角处做天沟或斜天沟,一般用镀锌薄钢板或彩色钢板制作,两边各伸入瓦底 100 mm,并卷起包在瓦下的木条上。沟的净宽应在 220 mm 以上,如图 2-5-38 所示。

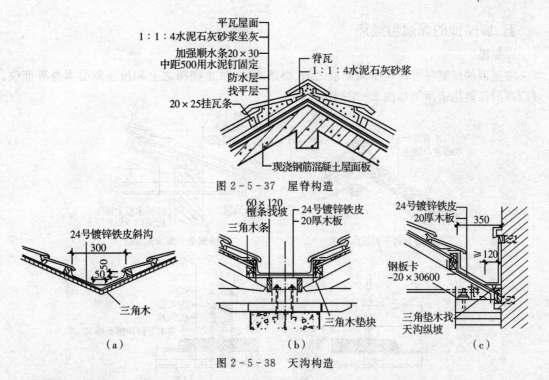

图 2-5-37 屋脊构造

图 2-5-38 天沟构造

(四)泛水构造

用镀锌薄钢板做烟囱泛水时,烟囱上方将镀锌薄钢板伸入瓦底 100 mm 以上,在下方应搭盖在瓦的上方,两侧同一般泛水处理,四周应折上。烟囱墙面应高出屋面至少 200 mm 以上。较宽的烟囱上方,则可用镀锌薄钢板做成两坡水小屋面形式,与瓦屋面相交成斜天沟,使雨水顺天沟排到瓦屋面上。如图 2-5-39 所示。

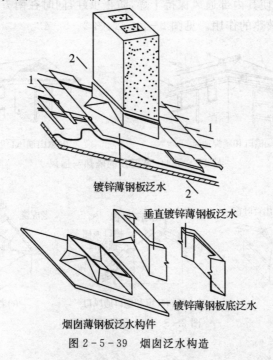

图 2-5-39 烟囱泛水构造

五、坡屋顶的保温与隔热

1. 保温

坡屋顶的保温层可设在屋面面层之间、檩条之间、吊顶搁栅之上和吊顶面层本身等部位。坡屋顶的保温构造举例如图 2-5-40 所示。

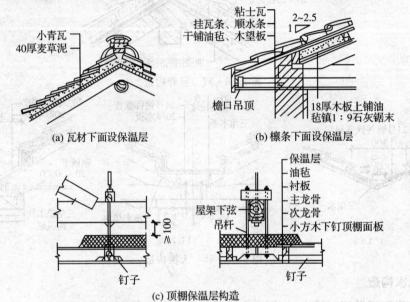

(a) 瓦材下面设保温层

(b) 檩条下面设保温层

(c) 顶棚保温层构造

图 2-5-40 坡屋顶保温层的设置

2. 隔热

坡屋顶的顶棚内应使其内部通风保持干燥,防止虫蛀,同时在南方地区也可通过顶棚上通风降低棚内温度,起到散热的作用。见图 2-5-41、图 2-5-42。

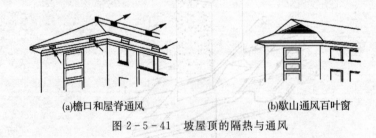

(a)檐口和屋脊通风

(b)歇山通风百叶窗

图 2-5-41 坡屋顶的隔热与通风

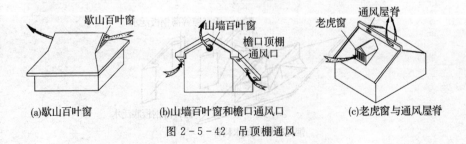

(a)歇山百叶窗

(b)山墙百叶窗和檐口通风口

(c)老虎窗与通风屋脊

图 2-5-42 吊顶棚通风

📖 本章小结

屋顶是房屋最上部的围护结构,由结构层、保温层、防水层组成,按其外形分为平屋顶、坡屋顶和其他形式的屋顶。平屋顶的防水按材料性能不同分为柔性防水和刚性防水,柔性防水要处理好泛水、檐口和雨水口等细部构造,刚性防水要防止裂缝。

平屋顶根据保温层在屋顶中的具体位置有正铺式铺法和倒铺式铺法两种处理方式,隔热措施通常有通风隔热屋面、蓄水隔热屋面、种植隔热屋面和反射降温屋面。

坡屋顶屋面的种类根据瓦的种类而定,如平瓦、波形瓦、小青瓦等。

在寒冷地区或有空调要求的建筑中,屋顶应作保温处理。保温材料多为轻质多孔材料,一般有散料类、整体类、板块类三种类型;坡屋顶的保温有屋面层保温和顶棚层保温两种做法。在气候炎热地区,屋顶应采取隔热降温措施。

❓ 复习思考题

1. 屋顶的作用是什么?对屋顶有何要求?

2. 平屋顶由哪几部分组成?它们的主要功能是什么?

3. 平屋顶的排水坡度如何形成?简述各种方法的优缺点。

4. 屋面的排水方式有几类?简述各自的优缺点和适用范围。

5. 用图标示上人与不上人的卷材防水屋面构造层次和做法。

6. 用图标示刚性防水屋面的构造层次。

7. 用图标示卷材屋面泛水、檐口等细部构造。

8. 用图标示平屋顶保温构造的做法。

9. 坡屋顶的承重结构有哪几种?其保温隔热措施有哪些?

任务6 门与窗

学习目标

学习目标

通过本章的学习,要求了解门与窗的类型,掌握门窗构造组成,具有对各种门窗的构造认知能力。

引例

有人比喻:"窗是建筑的眼睛"。建筑物的特点(如庄重或活泼、开敞或封闭)、民族地域风貌、功能显示、时代特色均利用窗洞大小、形状、布局、色彩等手段表现出来。为了体现建筑主次分明、重点突出、主题鲜明的目的,建筑设计的一个重点在主要出入口处,因此门也是很重要的设计内容。那么门窗的尺度有什么要求,它们怎样安装,构造又如何呢?

6.1 门窗认知

一、门窗的作用

门是房屋建筑的非承重围护构件之一。其主要功能是交通出入、分隔和联系室内外或室内空间,有时兼有通风和采光的作用。

窗是组成房屋建筑的非承重围护构件之一。其主要功能是采光和通风,并起到空间视觉联系的作用。

门和窗根据建筑物的功能要求和所处的环境,还应具有保温、防热、隔声、防风沙、节能和工业化生产等功能。

二、门窗的类别

1.门的类别

(1)按位置不同,门可分为外门和内门。

(2)按控制方式不同,门可分为手动门、传感控制自动门等。

(3)按功能不同,门可分为普通门、保温隔声门、防火门、防盗门、人防门、防爆门、防X射线门等。

(4)按材料不同,门可分为木门、钢门、铝合金门及塑钢门等。

(5)按开启方式不同,门可分为平开门、弹簧门、推拉门、折叠门、转门等,如图2-6-1所示。

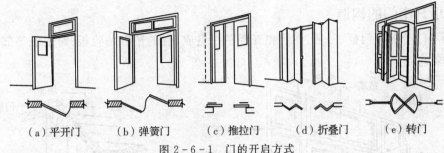

（a）平开门　　（b）弹簧门　　（c）推拉门　　（d）折叠门　　（e）转门

图 2-6-1　门的开启方式

2.窗的类别

（1）按材料不同,窗可分为木窗、钢窗、铝合金窗和塑钢窗等。

（2）按层数不同,窗可分为单层窗和多层窗。

（3）按镶嵌材料不同,窗可分为玻璃窗、百叶窗和纱窗。

（4）按开启方式不同,窗可分为固定窗、平开窗、横式悬窗、立式转窗和水平推拉窗,如图 2-6-2 所示。

（a）固定窗　　　（b）平开窗　　　（c）上悬窗　　　（d）中悬窗

（e）下悬窗　　　（f）立式转窗　　　（g）水平推拉窗

图 2-6-2　窗的开启方式

6.2　门的构造

一、门的尺度

门的高宽应满足人流疏散、搬运家具和设备的要求,并应符合国家《建筑模数协调统一标准》（GB J2—86）的规定。一般情况下,门的高度一般为 1900～2100 mm,当上方设亮子时应加高 300～600 mm。门的宽度应满足一人通行,单扇门的宽度为 800～1000 mm,双扇门为 1200～1800 mm,辅助房间门宽可取 700～800 mm。

二、平开木门的构造

平开木门一般由门框、门扇、亮子和五金零件组成,有的还有贴脸板、筒子板等部分,如图2-6-3所示。

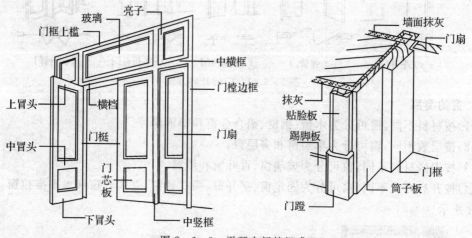

图 2-6-3　平开木门的组成

(一)门框

1.门框的构成

门框又称门樘,由上框和两根边框组成,有亮子的门还有中横框(横挡),多扇门还有中竖框(门框中梃),有保温、防风、防水和隔声要求的门应设下槛。

2.门框的断面、形状和尺寸

常见的门框的断面形式和尺寸如图2-6-4所示。

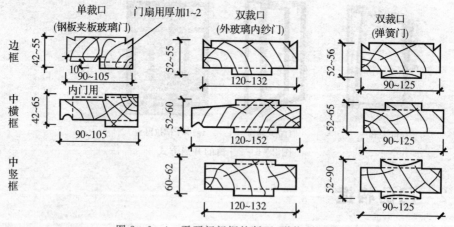

图 2-6-4　平开门门框的断面、形状和尺寸

3.门框的安装

门框的安装根据施工方法的不同可分为立口(站口)法和塞口法两种。安装方式不同,门框与墙的连接构造也不同。成品门多采用塞口法。塞口法是在墙砌好后安装门框,而立口法是在砌墙前先用支撑将门框原位立好,然后砌墙。如图2-6-5所示。

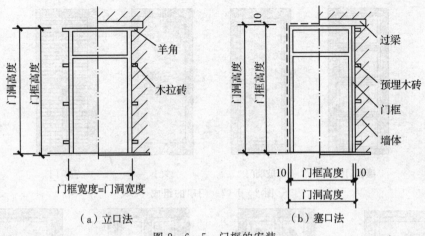

（a）立口法　　　　　　　　（b）塞口法

图 2-6-5　门框的安装

门框与墙的相对位置有内平、外平和居中几种情况,如图 2-6-6 所示。

门框靠墙一边为防止受潮变形多设置背槽,门框外侧的内外角做灰口,缝内填弹性密封材料。

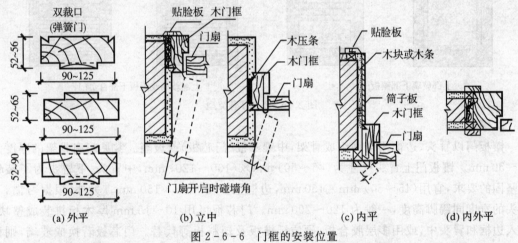

（a）外平　　　　　（b）立中　　　　　（c）内平　　　　　（d）内外平

图 2-6-6　门框的安装位置

(二)门扇

1.门扇的组成

门的名称通常是由门扇的名称决定的,门扇的名称反映了它的构造。门扇一般由上、中、下冒头(或称上、中、下梃),以及边梃、门芯板、玻璃等组成,如图 2-6-7 所示。平开木门常用的门扇有镶板门、夹板门、拼板门等几种。如图 2-6-8 所示。

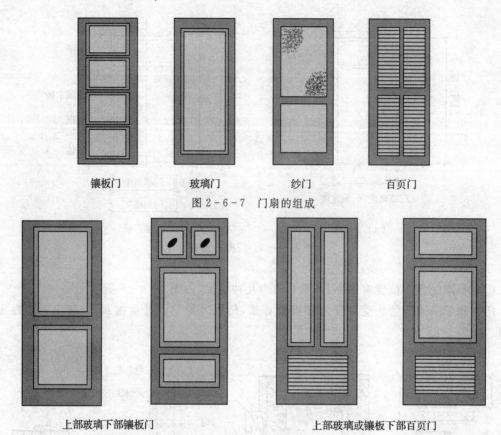

镶板门　　　　玻璃门　　　　纱门　　　　百页门

图 2-6-7　门扇的组成

上部玻璃下部镶板门　　　　　　　　　上部玻璃或镶板下部百页门

图 2-6-8　门扇类型

2.镶板门

镶板门以冒头、边框用全榫组成骨架,中镶木板(门芯板)或玻璃。常见门扇骨架的厚度为40～50 mm。镶板门上冒头尺寸为(45～50) mm×(100～120) mm,中冒头、下冒头为了装锁和坚固的要求,宜用(45～50) mm×150 mm,边框至少 50 mm×150 mm。另外,根据习惯,下冒头的宽度同踢脚高度,一般为 120～200 mm。门芯板可用 10～15 mm 厚木板拼装成整块,镶入边框和冒头中,或用多层胶合板、硬质纤维板及塑料板等代替。门芯板若换成玻璃,则称为玻璃门。图 2-6-9 是常用的镶板门实例。

(三)门的五金

门的五金主要有把手、门锁、铰链、闭门器和定门器等。其中,铰链连接门窗扇与门窗框,供平开门和平开窗开启时转动使用。如图 2-6-10 所示。

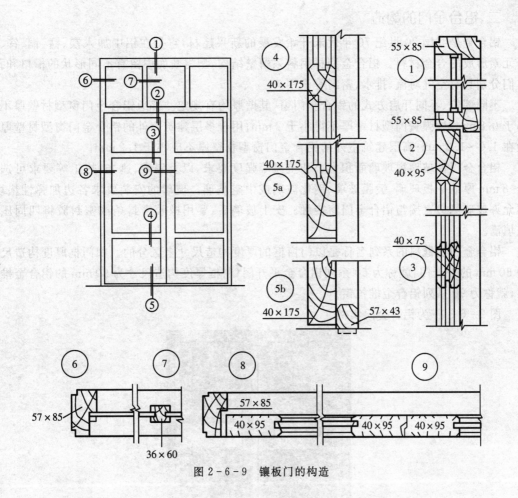

图 2 - 6 - 9 镶板门的构造

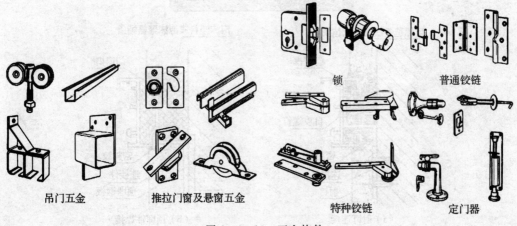

图 2 - 6 - 10 五金构件

二、铝合金门的构造

铝合金是我国 20 世纪 70 年代末开始发展的新兴建材,它是在铝中加入镁、锰、铜、锌、硅等元素形成的合金材料。铝合金型材用料系薄壁结构,型材断面中留有不同形状的槽口和孔。它们分别具有空气对流、排水、密封等作用。

不同部位、不同开启方式的铝合金门窗,其壁厚均有规定。普通铝合金门窗型材壁厚不得小于 0.8 mm;地弹簧门型材壁厚不得小于 2 mm;用于多层建筑室外的铝合金门窗型材壁厚一般在 1.0~1.2 mm;高层建筑室外的铝合金门窗型材壁厚不应小于 1.2 mm。

铝合金门窗玻璃视玻璃面积大小和抗风等强度要求,以及隔声、遮光、热工等要求可选用 3~8 mm 厚的平板玻璃、镀膜玻璃、钢化玻璃或中空玻璃。玻璃的安装要求各边加弹性垫块,不允许玻璃侧边直接与铝合金门窗接触。安上玻璃后,要用橡胶密封条或密封胶将四周压牢或填满。

铝合金门窗框料的系列名称是以门窗框的厚度构造尺寸来区分的。如门框厚度构造尺寸为 50 mm 的平开门,就称为 50 系列铝合金平开门;窗框厚度构造尺寸为 90 mm 的铝合金推拉窗,就称为 90 系列铝合金推拉窗。

图 2-6-11 为铝合金门实例。

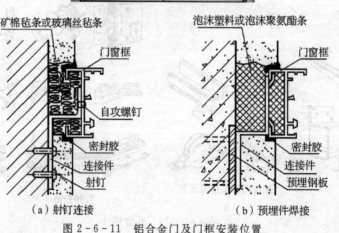

（a）射钉连接　　　　　　（b）预埋件焊接

图 2-6-11　铝合金门及门框安装位置

6.3　窗的构造

一、窗的尺度

窗的尺度主要指窗洞口的尺度。窗洞口尺度又取决于房间的采光通风标准。通常用窗地面积比来确定房间的窗口面积,其数值在有关设计标准或规范中有具体规定,如教室、阅览室为 1/4～1/6,居室、办公室为 1/6～1/8 等。

窗洞口的高度与宽度尺寸通常采用扩大模数 3M 数列作为洞口的标志尺寸,一般洞口高度为 600～3600 mm。

二、窗的构造

(一)木窗构造

平开木窗主要由窗框(窗樘)、窗扇和五金零件组成。有时要设贴脸板、窗台板、窗帘盒等附件。如图 2-6-12 所示。

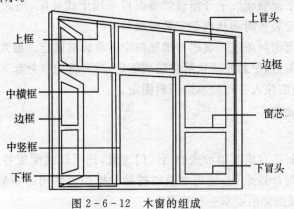

图 2-6-12　木窗的组成

1.窗框

(1)窗框的安装。窗框的安装方法与门框基本相同。窗框与墙体之间的缝隙应用砂浆或油膏填实,以满足防风、挡雨、保温、隔声等要求。

(2)窗框在墙上的位置。窗框一般与墙的内表面平齐,安装时窗框突出砖面 20 mm,以便墙面粉刷后与抹灰面平齐。

2.窗扇

平开窗常见的窗扇有玻璃窗扇、纱窗扇和百叶窗,其中玻璃窗扇最普遍。一般平开窗的窗扇高度为 600～1200 mm,宽度不宜大于 600 mm。推拉窗的窗扇高度不宜大于 1500 mm,窗扇由上、下冒头和边梃组成,为减少玻璃尺寸,窗扇上常设窗芯分格。

3.双层窗构造

(1)双层内开窗。双层窗扇一般共用一个窗框,也可分开为双层窗框,双层窗扇都内开,双层窗扇内大外小,为防止雨水渗入,外层窗扇的下冒头外侧应设披水板。

(2)双层内外开窗。双层内外开窗是在一个窗框上设内外双裁口或设双层窗框,外层窗扇外开,内层窗扇内开。

(二)铝合金窗的构造

1. 铝合金窗的类型

常见的铝合金窗的类型有推拉窗、平开窗、固定窗、悬挂窗、百叶窗等。

2. 铝合金窗的安装

铝合金窗安装时,将窗框在抹灰前立于窗洞处,与墙内预埋件对正,然后用木楔将三边固定,经检验确定窗框水平、垂直、无翘曲后,用连接件将铝合金窗框固定在墙(或梁、柱)上,最后填入软填料或其他密封材料封固。连接件固定多采用焊接、膨胀螺栓或射钉等方法。

3. 推拉窗

铝合金推拉窗有沿水平方向左右推拉和沿垂直方向上下推拉的窗,常采用水平推拉窗。

推拉窗常用的铝合金型材有 55 系列、60 系列、70 系列、90 系列等,其中 70 系列是目前广泛采用的窗用型材,采用 90°开榫对合,螺钉连接。

窗扇采用两组带轴承的工程塑料滑轮,可减轻噪声,使窗扇受力均匀,开关灵活。

4. 平开窗

平开窗铰链装于窗侧面。平开窗玻璃镶嵌可采用干式装配、湿式装配或混合装配。混合装配又分为从外侧安装玻璃和从内侧安装玻璃两种。

干式装配是采用密封条嵌入玻璃与槽壁的空隙将玻璃固定。湿式装配是在玻璃与槽壁的空腔内注入密封胶填缝,密封胶固化后将玻璃固定,并将缝隙密封起来。混合装配是一侧空腔嵌密封条,另一侧空腔注入密封胶填缝密封固定。

(三)塑钢窗的构造

1. 推拉窗

推拉窗可用拼料组合成其他形式的窗式门连窗,还可以装配成各种形式的纱窗。推拉窗在下框和中横框应设计排水孔,使雨水及时排除。推拉窗常用的系列有 62、77、80、85、88 和 95 等多个系列,可根据使用要求进行选择。

2. 平开窗

平开窗可向外或向内水平开启,有单扇、双扇和多扇,铰链安装在窗扇一侧,与窗框相连。平开窗构造相对简单,维修方便。较为常用的平开窗有 60 系列和 66 系列。

60 系列平开窗主型材为三腔结构,有独立的排水腔,具有保温、隔声、防盗的特点。

📖 本章小结

门、窗是房屋建筑中的两个非承重围护构件。门的主要功能是交通出入、分隔和联系内部和外部空间,有的兼有通风和采光的作用;窗的主要功能是采光和通风,并起到空间之间视觉联系的作用。同时两者还应具有保温、隔热、隔声、防水、防火、节能、装饰和工业化生产等功能。

❓ 复习思考题

1. 门窗在建筑中的主要功能是什么?

2. 门窗按开启方式分为哪几种? 各适用何种情况?

3. 平开木门窗主要由哪几部分组成?

4. 门窗安装方法根据施工方式的不同分为哪几种? 各有何特点?

5. 门的宽度、数量、位置及开启方式由哪些因素决定？

6. 窗的大小、位置及宽度由何因素决定？

7. 门窗框与墙间的缝隙如何处理？

8. 简述窗框与窗扇的防水措施。

9. 铝合金窗和塑钢窗的特点和构造要点是什么？

任务 7   变形缝

学习目标

了解建筑物变形缝的概念及分类;掌握变形缝的作用、设置原则及各类变形缝的宽度;了解在各种位置的各类变形缝的构造处理方法。

引例

我们经常会看到建筑的某位置有被盖住的缝,它如何称呼,又有什么作用,不设可以吗?

当建筑物的长度超过规定,平面有曲折变化,同一建筑部分高度或荷载有很大差别时,建筑构件会因温度变化、地基不均匀沉降和地震等因素的影响,使结构内部产生附加应力和变形,使建筑物发生裂缝或破坏,所以在设计时事先将建筑物用垂直的缝分成几个单独的部分,使各部分能够单独的变形,这种缝称为变形缝。

变形缝因设置的原因不同可分为温度伸缩缝、沉降缝和防震缝。

7.1   伸缩缝

伸缩缝是在长度或宽度较大以及建筑平面变化较多或结构类型变化较大的建筑物中,为避免由于温度变化引起材料的热胀冷缩,在结构构件内部产生附加应力导致构件开裂,而沿建筑物的竖向将基础以上部分全部断开的垂直缝隙。伸缩缝的宽度一般为 20～40 mm。

一、伸缩缝的设置原则

伸缩缝的最大间距,应根据不同材料的结构而定。砌体结构伸缩缝的最大间距见表2-7-1;钢筋混凝土结构伸缩缝的最大间距见表 2-7-2。

二、伸缩缝的构造

(一)伸缩缝的结构处理

砖混结构的墙和楼板及屋顶结构布置可采用单墙也可采用双墙承重方案。

框架结构的伸缩缝结构一般采用悬臂梁方案、双梁双柱方案,但施工较复杂。如图 2-7-1 所示。

表 2-7-1 砌体结构伸缩缝的最大间距(m)

屋盖或楼盖类别		间距
整体式或装配整体式钢筋混凝土结构	有保温层或隔热层的屋盖	50
	无保温层或隔热层的屋盖	40
装配式无檩体系钢筋混凝土结构	有保温层或隔热层的屋盖	60
	无保温层或隔热层的屋盖	50
装配式有檩体系钢筋混凝土结构	有保温层或隔热层的屋盖	75
	无保温层或隔热层的屋盖	60
瓦材屋盖、木屋盖或轻钢屋盖		100

注:1.层高大于5m的混合结构单层房屋,其伸缩间距可按本表中数值乘以1.3采用,但当墙体采用硅酸盐砌块和混凝土砌块砌筑时,不得大于75m。

2.温差较大且变化频繁地区和严寒地区不采暖的房屋及构筑物墙体,其伸缩缝的最大间距应按表中数值予以适当减小后采用。

表 2-7-2 钢筋混凝土结构伸缩缝的最大间距(m)

结构类别		室内或土中	露天
排架结构	装配式	100	70
框架结构	装配式	75	50
	现浇式	55	35
剪力墙结构	装配式	65	40
	现浇式	45	30
挡土墙、地下室墙壁等类结构	装配式	40	30
	现浇式	30	20

注:1.装配整体式结构房屋的伸缩缝间距宜按表中现浇式的数值取用。

2.框架—剪力墙结构或框架—核心筒结构房屋的伸缩缝间距可根据结构的具体布置情况取表中框架结构与剪力墙结构之间的数值。

3.当屋面无保温或隔热措施时,框架结构、剪力墙结构的伸缩缝间距宜按表中露天栏的数值取用。

4.现浇挑檐、雨罩等外露结构的伸缩缝间距不宜大于12m。

图 2-7-1 伸缩缝的设置

(二)伸缩缝的节点构造

1.墙体伸缩缝的构造

墙体伸缩缝一般做成平缝、错口缝和凹凸缝等截面形式,如图2-7-2所示。

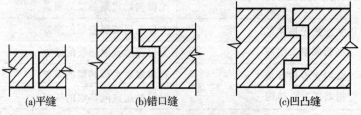

(a)平缝　　　　　(b)错口缝　　　　　(c)凹凸缝

图2-7-2　砖墙伸缩缝的截面形式

为了防止外界自然条件对墙体及室内环境的影响,变形缝外墙一侧常用沥青麻丝、泡沫塑料条等有弹性的防水材料填缝,当缝较宽时,缝口可用镀锌铁皮彩色薄钢板等材料作盖缝处理。所有填缝及盖缝材料和构造应保证结构在水平方向自由伸缩而不产生破裂,如图2-7-3所示。

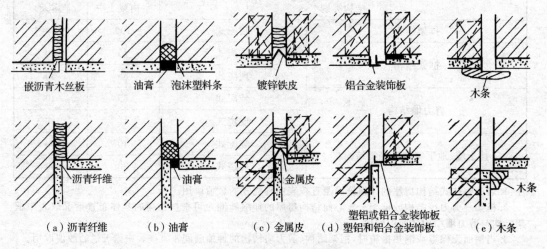

(a)沥青纤维　　　(b)油膏　　　(c)金属皮　(d)塑铝和铝合金装饰板　　(e)木条

图2-7-3　砖墙伸缩缝构造

2.楼地板层伸缩缝的构造

楼地板伸缩缝的缝内常用沥青麻丝、油膏等填缝进行密封处理,上铺金属、混凝土等活动盖板,如图2-7-4所示,以满足地面平整、光洁、防水、卫生等使用要求。

3.屋顶伸缩缝的构造

屋顶伸缩缝的位置一般在同一标高屋顶处或墙与屋顶高低错落处。当屋顶为不上人屋面时,一般在伸缩缝处加砌矮墙,并作好屋面防水和泛水的处理,其要求同屋顶泛水构造;当屋顶为上人屋面时,则用防水油膏嵌缝并作好泛水处理。常见屋面伸缩缝构造如图2-7-5所示。屋面采用镀锌铁皮和防腐木砖的构造方式,其使用寿命是有限的。随着材料的发展,还出现了彩色薄钢板、铝板、不锈钢皮等新型材料。

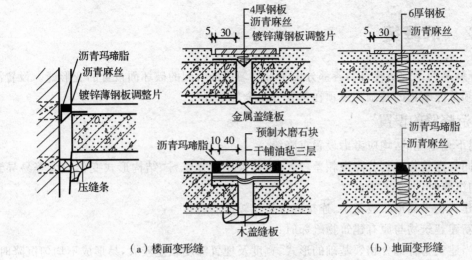

（a）楼面变形缝　　　　　　　　　（b）地面变形缝

图 2-7-4　楼地面变形缝

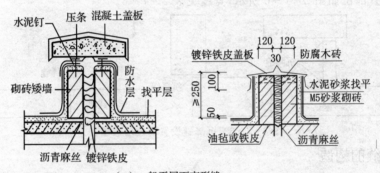

（a）一般平屋面变形缝

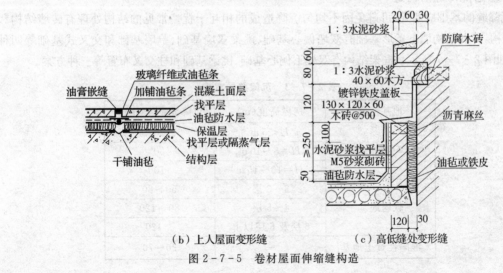

（b）上人屋面变形缝　　　　　　（c）高低缝处变形缝

图 2-7-5　卷材屋面伸缩缝构造

7.2 沉降缝

沉降缝是为了预防建筑物各部分由于不均匀沉降引起的破坏面设置的变形缝。设置沉降缝时，必须从建筑物的基础到屋顶在垂直方向全部断开。

一、沉降缝的设置

凡属下列情况的，均应考虑设置沉降缝：

(1)同一建筑物的部分高度相差较大、荷载大小相差悬殊、结构形式变化较大等易导致地基不均匀沉降时；

(2)建筑物平面形状较复杂、连接部位又比较薄弱时；

(3)新建建筑物与原有建筑物毗邻时；

(4)当建筑物各部分相邻基础的形式、宽度及埋置深度相差较大，易形成不均匀沉降时；

(5)当建筑物建造在不同的地基上，并难以保证均匀沉降时。

沉降缝设置部位如图2-7-6所示，宽度见表2-7-3。

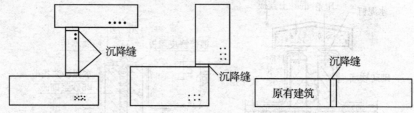

图2-7-6 沉降缝设置部位示意图

二、沉降缝的构造

1.基础沉降缝的构造

沉降缝的基础应断开，可避免因不均匀沉降造成的相互干扰。常见的结构处理有砖墙结构和框架结构，砖混结构墙下条形基础有双墙偏心基础、挑梁双墙基础、单墙基础和交叉式基础等四种方案，如图2-7-7所示。框架结构有双柱下偏心基础、挑梁基础和柱交叉布置等三种方案。

表2-7-3 沉降缝的宽度

地基性质	房屋高度(m)	沉降缝宽度(mm)
一般地基	$H<5 m$	30
	$H=5\sim10 m$	50
	$H=10\sim15 m$	70
软弱地基	2～3层	50～80
	4～5层	80～120
	6层及6层以上	＞120
湿陷性黄土地基	—	30～70

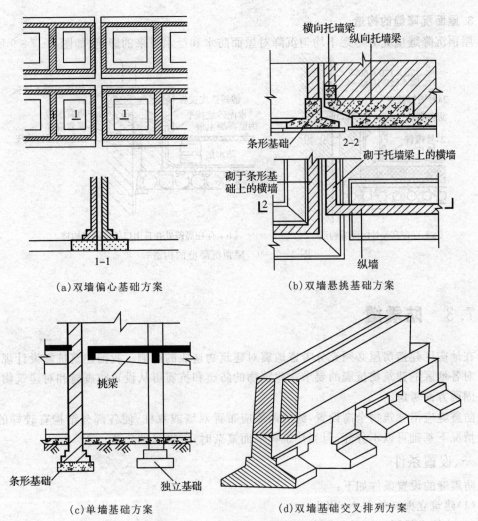

(a)双墙偏心基础方案   (b)双墙悬挑基础方案

(c)单墙基础方案   (d)双墙基础交叉排列方案

图 2-7-7   基础沉降缝处理示意

2.墙体沉降缝的构造

墙体沉降缝常用镀锌铁皮、铝合金板和彩色薄钢板等盖缝,墙体沉降缝盖缝条应满足水平伸缩和垂直沉降变形的要求,如图 2-7-8 所示。

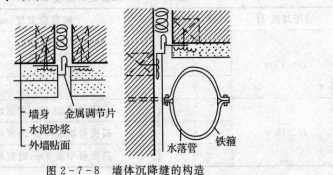

图 2-7-8   墙体沉降缝的构造

3.屋面沉降缝的构造

屋顶沉降缝应充分考虑不均匀沉降对屋面防水和泛水带来的影响,如图 2-7-9 所示。

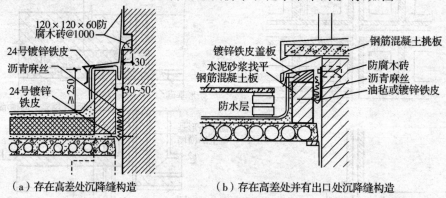

（a）存在高差处沉降缝构造　　　　　（b）存在高差处并有出口处沉降缝构造

图 2-7-9　屋顶沉降缝的构造

7.3　防震缝

在地震区建造房屋必须充分考虑地震对建筑物造成的影响。我国建筑抗震设计规范中明确了对各地区的建筑物抗震的要求。建筑物的防震和抗震可从设置防震缝和对建筑物进行抗震加固两方面考虑。

防震缝应沿建筑物全高设置,缝的两侧应布置双墙或双柱,使各部分结构有较好的刚度。一般情况下基础可以不分开,但当建筑物平面复杂时,应将基础分开。

一、设置条件

防震缝的设置条件如下:

(1)建筑立面高差在 6m 以上;

(2)建筑有错层且错层楼板高差较大;

(3)建筑物相邻各部分结构刚度、质量截然不同。

防震缝的宽度见表 2-7-4。

表 2-7-4　防震缝的宽度

房屋高度 H	设计烈度	防震缝宽度(mm)
$H \leqslant 15\ m$	7	70
	8	70
	9	79
$H > 15\ m$	7	高度每增加 4 m,缝宽增加 20 mm
	8	高度每增加 3 m,缝宽增加 20 mm
	9	高度每增加 2 m,缝宽增加 20 mm

二、防震缝墙体构造

防震缝因缝宽较宽,在构造处理时,应考虑盖缝板的牢固性及适应变形的能力,具体构造如图 2-7-10 所示。

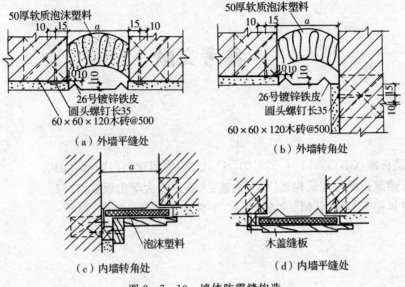

（a）外墙平缝处

（b）外墙转角处

（c）内墙转角处

（d）内墙平缝处

图 2-7-10 墙体防震缝构造

📖 本章小结

变形缝是为了避免由温差、地基不均匀沉降及地震作用使建筑产生裂缝而事先在建筑中留出的缝隙。变形缝因设置的原因不同将它们分为伸缩缝、沉降缝和防震缝。

每种变形缝都有它的设置原则及构造要求，但它们也有相似之处，有时它们可以结合各自的特点一缝多用。

❓ 复习思考题

1.什么是变形缝？它有哪几种类型？每种变形缝的作用是什么？

2.用图标示伸缩缝在外墙、地面、楼板和屋顶等位置时的处理方式。

3.用图标示沉降缝在基础、墙体和屋顶等位置时的处理方式。

4.用图标示防震缝在外墙的处理方式。

5.简述伸缩缝、沉降缝和防震缝设置的位置。

参考文献

[1] 建筑制图标准(GB/T 50104—2010)[S].北京:中国计划出版社,2010.

[2] 闫培明.建筑识图与建筑构造[M].大连:大连理工大学出版社,2011.

[3] 高远.建筑构造与识图[M].2 版.北京:中国建筑工业出版社,2008.

高职高专"十二五"建筑及工程管理类专业系列规划教材

> **建筑设计类**

  (1)素描
  (2)色彩
  (3)构成
  (4)人体工程学
  (5)画法几何与阴影透视
  (6)3dsMAX
  (7)Photoshop
  (8)CorelDraw
  (9)Lightscape
  (10)建筑物理
  (11)建筑初步
  (12)建筑模型制作
  (13)建筑设计原理
  (14)中外建筑史
  (15)建筑结构设计
  (16)室内设计基础
  (17)手绘效果图表现技法
  (18)建筑装饰设计
  (19)建筑装饰制图
  (20)建筑装饰材料
  (21)建筑装饰构造
  (22)建筑装饰工程项目管理
  (23)建筑装饰施工组织与管理
  (24)建筑装饰施工技术
  (25)建筑装饰工程概预算
  (26)居住建筑设计
  (27)公共建筑设计
  (28)工业建筑设计
  (29)城市规划原理

> **土建施工类**

  (1)建筑工程制图与识图
  (2)建筑识图与构造
  (3)建筑材料

  (4)建筑工程测量
  (5)建筑力学
  (6)建筑 CAD
  (7)工程经济
  (8)钢筋混凝土与砌体结构
  (9)房屋建筑学
  (10)土力学与基础工程
  (11)建筑设备
  (12)建筑结构
  (13)建筑施工技术
  (14)土木工程施工技术
  (15)建筑工程计量与计价
  (16)钢结构识图
  (17)建设工程概论
  (18)建筑工程项目管理
  (19)建筑工程概预算
  (20)建筑施工组织与管理
  (21)高层建筑施工
  (22)建设工程监理概论
  (23)建设工程合同管理
  (24)工程材料试验
  (25)无机胶凝材料项目化教程

> **建筑设备类**

  (1)电工基础
  (2)电子技术基础
  (3)流体力学
  (4)热工学基础
  (5)自动控制原理
  (6)单片机原理及其应用
  (7)PLC 应用技术
  (8)电机与拖动基础
  (9)建筑弱电技术
  (10)建筑设备
  (11)建筑电气控制技术

(12)建筑电气施工技术

(13)建筑供电与照明系统

(14)建筑给排水工程

(15)楼宇智能化技术

> **工程管理类**

(1)建设工程概论

(2)建筑工程项目管理

(3)建筑工程概预算

(4)建筑法规

(5)建设工程招投标与合同管理

(6)工程造价

(7)建筑工程定额与预算

(8)建筑设备安装

(9)建筑工程资料管理

(10)建筑工程质量与安全管理

(11)建筑工程管理

(12)建筑装饰工程预算

(13)安装工程概预算

(14)工程造价案例分析与实务

(15)建筑工程经济与管理

(16)建筑企业管理

(17)建筑工程预算电算化

> **房地产类**

(1)房地产开发与经营

(2)房地产估价

(3)房地产经济学

(4)房地产市场调查

(5)房地产市场营销策划

(6)房地产经纪

(7)房地产测绘

(8)房地产基本制度与政策

(9)房地产金融

(10)房地产开发企业会计

(11)房地产投资分析

(12)房地产项目管理

(13)房地产项目策划

(14)物业管理

欢迎各位老师联系投稿！

联系人：祝翠华

手机：13572026447　办公电话：029－82665375

电子邮件：zhu_cuihua@163.com　37209887@qq.com

QQ：37209887（加为好友时请注明"教材编写"等字样）

图书在版编目(CIP)数据

建筑识图与构造 / 胡玉梅,郝彩哲主编.—西安:
西安交通大学出版社,2014.5
高职高专"十二五"建筑及工程管理类专业系列规划
教材
ISBN 978 - 7 - 5605 - 6123 - 3

Ⅰ.①建… Ⅱ.①胡… ②郝… Ⅲ.①建筑制图-识
别-高等职业教育-教材②建筑构造-高等职业教育-教
材 Ⅳ.①TU2

中国版本图书馆 CIP 数据核字(2014)第 067887 号

书　　名	建筑识图与构造
主　　编	胡玉梅　郝彩哲
责任编辑	祝翠华
出版发行	西安交通大学出版社
	(西安市兴庆南路 10 号　邮政编码 710049)
网　　址	http://www.xjtupress.com
电　　话	(029)82668357　82667874(发行中心)
	(029)82668315　82669096(总编办)
传　　真	(029)82668280
印　　刷	陕西奇彩印务有限责任公司
开　　本	787mm×1092mm　1/16　印张 12.25　字数 296 千字
版次印次	2014 年 10 月第 1 版　　2014 年 10 月第 1 次印刷
书　　号	ISBN 978 - 7 - 5605 - 6123 - 3/TU · 108
定　　价	24.80 元

读者购书、书店添货,如发现印装质量问题,请与本社发行中心联系、调换。
订购热线:(029)82665248　(029)82665249
投稿热线:(029)82668133　(029)82665375
读者信箱:xj_rwjg@126.com